DAOLUKEHUO YUNSHUJIASHIYUAN

CONGYEZIGEPEIXUNKAOSHIJIAOCHENG

道路客货运输驾驶员

从业资格培训考试教程

本书编写组　编

道路旅客运输驾驶员
道路货物运输驾驶员

内 容 提 要

本书依据交通运输部2011年修订并颁布实施的《道路客货运输驾驶员从业资格考试大纲》编写而成，主要内容包括社会责任、职业道德和职业心理，道路运输从业相关法律、法规，安全意识与安全行车，汽车使用技术等道路运输驾驶员通用的、应知应会的基础知识，以及道路旅客运输知识、道路货物运输知识、技能操作知识等。

本书为道路旅客运输驾驶员和道路货物运输驾驶员的从业资格考试培训教材。

图书在版编目（CIP）数据

道路客货运输驾驶员从业资格培训考试教程 /《道路客货运输驾驶员从业资格培训考试教程》编写组编. —北京：人民交通出版社, 2013.9

ISBN 978-7-114-10873-0

Ⅰ. ①道… Ⅱ. ①道… Ⅲ. ①道路运输—客货运输—驾驶员—技术培训—教材 Ⅳ. ①U471.3

中国版本图书馆CIP数据核字（2013）第206574号

Daolu Kehuo Yunshu Jiashiyuan Congye Zige Peixun Kaoshi Jiaocheng

书　　名：道路客货运输驾驶员从业资格培训考试教程
著 作 者：本书编写组
责任编辑：钟　伟
出版发行：人民交通出版社
地　　址：（100011）北京市朝阳区安定门外外馆斜街 3 号
网　　址：http://www.ccpress.com.cn
销售电话：（010）59757973
总 经 销：人民交通出版社发行部
经　　销：各地新华书店
印　　刷：中国电影出版社印刷厂
开　　本：787×980　1/16
印　　张：11.25
字　　数：170 千
版　　次：2013 年 9 月　第 1 版
印　　次：2017 年 5 月　第 13 次印刷
书　　号：ISBN 978-7-114-10873-0
定　　价：40.00 元
（有印刷、装订质量问题的图书由本社负责调换）

前言

随着我国社会经济的快速发展和人民群众出行需求的不断增长，我国道路运输业也相应地得到了快速发展，并在综合运输体系中发挥着越来越重要的作用，为我国经济建设提供了重要的保障。但是，道路运输在为人民群众提供方便、舒适、快捷的出行和运输服务的同时，也带来了道路交通安全事故的负面影响。目前，我国仍处于道路交通事故多发期，重特大道路交通事故时有发生，严重危害了人民群众的生命财产安全，影响了社会的和谐稳定。研究表明，驾驶员安全意识淡薄、违法驾驶和驾驶操作不规范是引发交通事故的主要原因。切实加强对道路运输驾驶员的培训和从业资格管理，是实现道路运输安全管理的关键。

本教材依据交通运输部2011年修订并颁布实施的《道路客货运输驾驶员从业资格考试大纲》进行编写，对理论知识和技能操作的相关要求作了更新。本教材以“安全驾驶、应急处置”为重点，引入危险源识别和防御性驾驶新理念和新知识，融合了最新的道路运输法规和汽车使用技术，注重法规知识与技能操作的双重普及，表述形式通俗易懂，具有较强的可读性、针对性和实用性。

本教材内容包括社会责任、职业道德和职业心理，道路运输从业相关法律、法规，安全意识与安全行车，汽车使用技术等道路运输驾驶员通用的、应知应会的基础知识，以及道路旅客运输知识、道路货物运输知识、技能操作知识等。

本教材由席金波、童建民、周玉财主编，参与编写的还有李晓峰、裴春良、张智、赵忠利、王华炜、刘俊利、赵彦海、曹云升。

限于编者的经历和水平，书中难免有不妥或错误之处，敬请批评指正，提出修改意见和建议，以便再版修订时改正。

本书编写组

名词术语与计量单位的解释说明

为了贯彻国家对语言文字规范的要求，本教材中的名词术语和计量单位都使用了国家规定的规范用语。为了方便学员使用与理解，下面列出各种常见规范术语与通俗叫法、单位名称与单位符号的对应关系。

规范术语与通俗叫法对照表

规范术语	通俗叫法	规范术语	通俗叫法
蓄电池	电瓶	加速踏板	油门、油门踏板
前照灯	大灯、前大灯	制动	刹车
刮水器	雨刮器、雨刮、雨刷	制动踏板	脚刹、刹车踏板
转向盘	方向盘	驻车制动器	手刹、手制动器

单位名称与单位符号对照表

单位名称	单位符号	单位名称	单位符号
公里、千米	km	升	L
米	m	毫升	mL
厘米	cm	转/分钟	r/min
毫米	mm	千帕	kPa
吨	t	分贝	dB（A）
公斤、千克	kg	牛	N
小时	h	摄氏度	℃
分钟	min	度	°
秒	s		

目录

第一章 道路运输驾驶员的社会责任、职业道德和职业心理

第一节 道路运输驾驶员的社会责任与职业道德

教学目标：

1. 树立道路运输驾驶员的社会责任；
2. 培养道路运输驾驶员的职业道德；
3. 熟知道路运输驾驶员的行为要求。

一 道路运输驾驶员的社会责任

道路运输驾驶员作为道路运输行业从业人员中的关键一员，除须对所在企业履行必要的职责外，还须对社会担负起一定的责任。

1 确保乘客生命财产安全

将乘客安全地送达目的地，是道路旅客运输的第一要求，一般包括乘客人身安全、行包安全、交通安全等。包括道路运输驾驶员在内的客运经营者在运营之前，应尽可能地排除存在的安全隐患，禁止易燃易爆和其他明令禁止的危险品上车，不得超载和超速，安全驾驶，要将乘客的人身财产安全放在首位。

2 保障货物完好、及时送达

道路运输驾驶员要严格按照承运人和托运人的要求，遵照协议，在指定的时间和地点将货物完整地送达。否则，需要赔付由于运输过程中产生的货物损坏、丢失和延期送达造成的经济损失。

3 避免其他交通参与者生命财产损失

道路作为一个特殊的公共场所，需要所有人遵守道路交通安全法律法规，维护其公共秩序。道路运输驾驶员要严格遵守法律法规，履行社会义务，在保

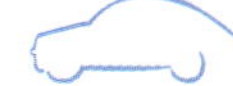

障乘客、承运人和托运人利益的同时，也要保障其他交通参与者的人身财产安全。

4 促进运输行业经济发展

交通运输业在经济发展和社会进步中的作用举足轻重，是国民经济发展的命脉。道路运输驾驶员需要以身作则，保障乘客人身财产安全，保障货物完整准时送达，树立行业良好的形象，从而为国家经济发展和社会发展铺平道路。

5 节能减排、保护环境

道路运输车辆尾气排放对空气造成的污染，对环境造成极大的破坏。作为道路运输行业的一员要义不容辞地承担起保护环境、节约燃料的重要责任，要控制燃油的使用，也要注意安排好车次，以利于控制运输成本，减少空载的次数等。

二 道路运输驾驶员的职业道德

道德是一种社会意识，是人们行为规范和准则的总和，是调整人与人之间、个人与社会之间关系的准则。职业道德是指从事一定职业的人们，在特定的职业生活中所应遵守的行为规范和准则的总和。道路运输驾驶员的行为规范和准则与社会关系甚为密切，道路运输驾驶员作为集体活动中的一员，往往单独执行任务，具有操作独立性强、活动自由度大等特点，若一时疏忽，很可能会造成人民生命财产的巨大损失，因此，道路运输驾驶员养成良好的职业道德观念显得尤为重要。

1 道路运输驾驶员的岗位特点及要求

道路运输具有快速、机动、分散等特点，构成了道路运输驾驶员与其他行业从业人员不同的岗位特点和要求。

2 道路运输驾驶员的职业道德规范

由于道路运输驾驶员的岗位特殊，这就要求道路运输驾驶员在职业活动中，要严格遵守道路运输职业道德。其职业道德的主要内容如下：

1 遵章守法、安全行车

在道路运输活动中，遵章守法、安全行车是道路运输驾驶员职业道德最主要和最重要的内容之一，是由道路运输驾驶员的职业特点所决定的，也是道路运输职业活动能够正常进行的基本保证。遵章守法就是要求道路运输驾驶员遵守道路运输的相关法规。安全行车主要是指保障旅客乘车安全、货物完好无损地送到目的地，并确保自身和车辆安全。道路运输驾驶员应将遵章守法放在首位，加强法纪观念，确保行车安全，避免各类事故的发生。

遵章守法、安全行车的要求是：

流动分散

道路运输的特点是点多、面广、线长和流动分散作业，因此，要求道路运输驾驶员自觉地遵章守法，保障道路运输的有序进行

操作的独立性和广泛的联系性

由于道路运输分散作业的特点，道路运输驾驶员通常是一个人独立工作。其一方面要经常独立地处理运输中遇到的由于车况、路况、交通状况和气候等变化而出现的各种问题；另一方面还要和乘客、承运人、托运人以及运输过程中的各方面人员发生联系。因此，要求道路运输驾驶员必须具备独立处理问题的能力、全局观念、业务知识、法律意识以及团队协作的精神

意外因素多，安全要求高

汽车在行驶途中遇到的情况复杂多变，意外因素很多，尤其是目前我国大部分地区道路仍处于混合交通状态，人们遵守交通法规的意识淡薄。因此，要求道路运输驾驶员必须时刻把国家和人民生命财产的安全放在第一位，严格遵守交通法规，熟练掌握操作技能，谨慎驾驶，保证安全行车

社会文明的窗口

道路运输连接着生产与消费，道路运输驾驶员每天都要与不同的人员联系，直接反映各种社会关系，是社会文明和道德风尚的“窗口”。因此，要求道路运输驾驶员具有高尚的道德情操，做到优质服务

（1）认真学习国家有关道路运输的法律法规和政策，做到学法、知法、守法和用法，充分认识违法违章的危害性，切不可我行我素。在严格守法的同时，懂得用法律法规来保障自己的合法权益，解决纠纷。

（2）树立“安全就是效益”的思想，努力提高安全驾驶操作技能，探索安全行车规律，始终把人民群众的生命财产安全放在首位。

（3）培养良好的驾驶作风和职业习惯。能否实现安全运输，不仅与道路运输驾驶员的技术素质相关，而且还与其个性、涵养和习惯有关。因此，道

路运输驾驶员要加强自身修养，培养良好的个性心理，不开快车，不开“英雄车”，不开“斗气车”，经常保持冷静的心态，做到得理也让人，尽量避免引起争端，主动积极地维护公共秩序和交通秩序。

2 爱岗敬业、优质服务

职业道德要求道路运输驾驶员必须热爱本职岗位，树立敬业精神，以“干一行，爱一行，专一行”的姿态，落实到实际的工作中去。同时本着全心全意为人民服务的宗旨，做到优质服务，展现“窗口行业”的风采。优质服务的前提是爱岗敬业，不热爱自己专业的人谈不上敬业，更谈不上优质服务。因此，道路运输驾驶员要根据乘客、托运人的实际需要，提供规范、科学、安全、优质、高效的服务。

爱岗敬业、优质服务的要求是：

（1）树立良好的职业观，克服世俗偏见，做到爱本职、钻业务、干事业。

（2）具备优质服务的本领，努力提高专业技术和服务品质，要时刻为乘客、托运人着想，做到诚实守信、真诚待人。

（3）树立信誉第一、质量至上的意识，建立稳固的客货源关系，进行长期友好合作，取得良好的社会效益和经济效益。

（4）要树立敬业、爱业的思想，具有我为人人的意识和行动。

（5）要学会自律，保持良好的心态。道路运输驾驶员在驾驶车辆过程中会遇到各种复杂情况，因此要学会自我心理调节，保持良好的心态，做到沉着冷静，不急不躁，从容应对，确保安全。

3 文明经营、公平竞争

随着社会主义市场经济体制的建立，创造一个文明、有序、健康的运输市场是市场经济的必然要求。文明经营是一切服务业树立信誉的第一要求，即通过服务的方式，以平等、友好、热情的态度来对待客户，做到公开、公平、公正地参与竞争，确保运输市场的规范，提高文明服务水平。

文明经营、公平竞争的要求是：

（1）树立“讲文明、树新风”的思想。道路客运驾驶员要使用规范语言，礼貌待客；道路货运驾驶员要爱惜货物。

（2）要按照社会公德和从事运营方式的不同要求，规范服务标准。保持车容整洁、车况良好，服务设施要齐全、有效。

（3）要在合法合理的前提下增强竞争意识，在实践中要敢为人先，在运输效率和服务品质上创优争先。

（4）树立社会责任感，不欺行霸

市，不刁难、不垄断、不封锁，不搞地方保护主义。

4 钻研技术、规范操作

道路运输驾驶员要提高运输效率，确保行车安全，必须掌握过硬的技术，严格遵守操作规程。钻研技术，必须“勤业”，干一行，钻一行，善于从一般了解到熟练掌握，根据行业特点把勤奋的钻劲主要花在技术上，善于从理论到实践，不断探索新情况、新问题，只有这样才能精益求精。规范操作是钻研技术的具体表现，即在操作过程中按照技术要求，遵章循矩，逐步形成规范的技能技巧。

钻研技术、规范操作的要求是：

（1）要重视科学文化知识的学习，同时还要学习和掌握各种与服务有关的技能，注意研究乘客的心理活动规律，以便更好地为乘客服务。

（2）树立技术过硬、服务规范的品质意识。因为业务技术、技能和文化素质体现一个人的整体形象和职业素养，这不仅是职业的需要，也是时代的要求。

（3）重视实践，善于总结提高，掌握过硬的驾驶本领。

3 道路运输驾驶员职业道德的培养

随着社会的发展以及时代的进步，人们对道路运输驾驶员的服务内容、服务品质不断提出新的、更高的要求，因此，道路运输驾驶员必须加强自身职业道德的培养，提高思想觉悟和职业道德水平，以适应社会发展的需要。

1 在日常生活中培养

“勿以恶小而为之，勿以善小而不为”。职业道德最大的行为特点是自觉性和习惯性，而培养人的良好习惯的载体是日常生活。因此，要紧紧抓住这个载体，有意识地培养自己的良好习惯，久而久之，习惯就会成为一种自然，即自觉的行为。在日常生活中培养职业道德行为应做到：

（1）从小事做起，严格遵守行为规范。行为规范是指在行为方面的约定俗成或明文规定的标准、准则，它告诉人们该怎样做，不该怎样做。

（2）从自我做起，自觉养成良好的习惯。良好的习惯是每一个人终身受益的资本，不好的习惯则是人一生的羁绊。每一位道路运输驾驶员都要从自我做起，从行为规范要求入手，从行为习惯训练抓起，持之以恒，只有这样才能养成良好的习惯。

2 在专业学习中训练

专业理论知识与专业技能是形成职业信念和职业道德行为的前提和基础。职业道德行为的养成，离不开知识的学习和技能的提高。在专业学习中训练职

业道德行为的要求是：

（1）增强职业意识，遵守职业规范。道路运输驾驶员要在专业学习和实习中增强职业意识，遵守职业规范，这是未来干好职业、实现人生价值的重要前提。

（2）重视技能训练，提高职业素养。道路运输驾驶员要重视技能训练，向劳动模范、先进人物学习，刻苦钻研，培养过硬的专业技能，提高自己的职业素养。

3 在社会实践中体验

人的正确思想，只能从社会实践中来。丰富的社会实践是指导人们发展、成才的基础，是实现知行统一的主要场所。职业道德行为的养成离不开社会实践，社会实践是职业道德行为养成的根本途径。在社会实践中体验职业道德行为的方法有：

（1）参加社会实践，培养职业情感。在社会实践中有意识地进行体验，进而了解社会、了解职业、了解自我、熟悉职业、体验职业、陶冶职业情感，培养对职业的正义感、热爱感、义务感、主人感、荣誉感和幸福感等情感。

（2）学做结合，知行统一。在社会实践中，把学和做结合起来，把学到的职业道德知识、职业道德规范运用到实践中，落实到职业道德行为中，以正确的道德观念指导自己的实践，理论联系实际，言行一致，知行统一。

4 在自我修养中提高

自我修养指个人在日常的学习、生活和各种实践中，按照职业道德的基本原则和规范，在职业道德品质中有目的地“自我锻炼”、“自我改造”和“自我提高”。提高自我修养应注意：

（1）体验生活，经常进行“内省”。“内省”一要严于剖析自己，善于认识自己，客观地看待自己，勇于正视自己的缺点；二要敢于自我批评、自我检讨；三要有决心改进自己的缺点，扬长避短，在实践中不断完善自己的职业道德品质。

（2）学习榜样，努力做到“慎独”。“慎独”是指独自一个人在没有外界监督的情况下，也能自觉遵守道德规范，不做对国家、对社会、对他人不道德的事情。道路运输驾驶员要经常激励和鞭策自己，加强道德修养，自觉做到“慎独”，努力提高职业道德修养。

5 在职业活动中强化

职业活动是检验一个人职业道德品质高低的试金石。在职业活动中强化职业道德行为要做到：

（1）将职业道德知识内化为信念。内化是指把学到的职业道德知识变成个人内心坚定的职业道德信念、职业道德理想与职业道德原则，以及对自己履行

的职业责任和义务的真诚信奉。它是知识、情感和意志的结晶，也是人们职业道德行为的精神支柱。只有这样的职业道德行为，才有坚定性和永久性。

（2）将职业道德信念外化为行为。外化是把内心形成的职业道德信念变成个人自觉的职业道德行为，指导自己的职业活动实践。道路运输驾驶员要履行自己的责任和义务，做一个言行一致、表里如一、有职业道德的人。

第二节 道路运输驾驶员的职业心理

教学目标：

1. 了解道路运输驾驶员的心理健康知识；
2. 了解道路运输驾驶员的心理调节方法。

随着我国改革开放的不断深入和经济的高速发展，道路交通建设也日新月异，机动车保有量迅猛增加，同时，伴随而来的道路交通多样化、复杂化，也给道路运输驾驶员的心理增加了很大的压力。在涉及行车安全的诸多因素中，人的因素起主要作用，在人的因素中，道路运输驾驶员的心理素质又是非常重要的因素，因此，优化其心理素质，消除不良的心理行为，对预防交通事故，保证行车安全具有重要的意义。

一 道路运输驾驶员的常见心理

1 侥幸心理

在行车过程中，侥幸和紧张心理会导致道路运输驾驶员任意妄为。有些道路运输驾驶员不能自觉遵守交通法规，不按操作要求驾驶车辆，遇到可能发生事故的情况，或已经预感到可能发生的问题，不是采取有效措施加以避免，而是靠“碰运气”。明知超速超载、车辆带“病”上路、无证驾驶等，但是由于存在侥幸心理，自认为技术高超而又未必能被交通警察查到，只要运气好就可万事大吉，因而强化了他们的侥幸心理，对违法驾驶根本不予重视，行车中心理一直处在复杂、多变、波动的状态之下，害怕被查处或发生事故，遇到险情时很难全神贯注、沉稳操作，不是惊慌失措，就是反应迟缓，影响行车安全。

2 心理情绪

道路运输驾驶员在日常生活中难免会遇到一些不顺心的事情，心情也会随之发生变化，特别是在行车时，道路运输驾驶员要受到外界的、人为的和出乎意料的各种因素的影响，这些因素会使其心理发生变化。例如：车内环境变化会引起道路运输驾驶员情绪不稳定；道路平坦会诱发道路运输驾驶员驾驶单调形成道路催眠；在弯曲道路行驶，由于车辆连续转弯产生厌烦心情；道路拥堵会使道路运输驾驶员产生急躁情绪；遇交通事故会使道路运输驾驶员产生恐慌心理。由于各类心理的重复出现会诱发道路运输驾驶员心理反应的严重改变，出现急躁、松懈、麻痹、骄傲、自卑、精神过分紧张等心理，这些心理在道路运输驾驶员面对实际或想象中的危险时会产生不同的情感，在这种不合理的情感支配下，如果碰到不顺心的事，有的道路运输驾驶员就会沉不住气，心浮气躁，干事举止失措，不顾前因后果，开“赌气车、拼命车”，具有这种心理往往使道路运输驾驶员的手和眼不能敏捷地配合，导致驾驶操作容易失误，影响行车安全。

3 心理压力

在新形势下，竞争日益激烈会使道路运输驾驶员产生逆反和利益索求心理。由于道路运输行业的无序竞争、家庭负担的压力，使道路运输驾驶员在长期紧张的生活中产生了心理扭曲、焦虑、心理失衡、情绪紊乱、身心疲劳等问题，尤其对暂时失败者，由于主观愿望与客观实际之间出现差距，则可能造成道路运输驾驶员背着思想包袱或带着情绪行车，这样他们有可能置安全于不顾，带着极大的逆反和利益索求心理驾驶车辆，在这种逆反对抗心理的作用下，有意与同行“争雄斗气”，甚至会强行超车会车，以寻求精神安慰和心理平衡，影响行车安全。

4 疲劳心理

长时间行车会产生疲劳和厌倦心理。在道路运输驾驶员在执行行车任务的过程中，由于长时间应付不测事态和急速变化的环境，其精力始终处于高度集中状态，会自然表现出适度紧张情绪，心理就会发生明显的变化，正是在这种适度紧张的心理下进行长时间或长距离驾驶车辆时，对道路运输驾驶员影响最大的是其身体机能和心理活动能力，会造成道路运输驾驶员生理和心理失调，在这种不良心理状态下行车，首先会使道路运输驾驶员头脑不清醒，反应迟钝，注意力不集中，不能准确判断和迅速处置各种异常情况，其次是四肢酸懒，哈欠连天，动作的准确率明显下

降，行动迟缓，手脚不听使唤，再次是情绪低沉，烦躁不安，对自己所从事的工作有厌倦心理，心理情绪常常不能在正常状态下运行，影响行车安全。

二 道路运输驾驶员的心理调节

1 必须具备良好的思想素质

影响道路运输驾驶员心理素质的因素是多种多样的，有的道路运输驾驶员受社会上各种不正确的人生观、价值观、道德观的影响，染上了许多不良习气，不能正确地把握是非标准；有的道路运输驾驶员心胸狭窄，不能正确处理个人与集体的关系，不能正确对待各种利益的诱惑。因此，道路运输驾驶员应该有高度的政治觉悟、良好的道德修养和顽强的意志力，有正确的人生观和良好的思想素质，凡事要从大局出发，思前想后，消除心理上的逆反心理，有一种对国家和人民负责的高度安全责任感，真正做到“车行万里路，时刻保平安”。

2 必须具备良好的职业道德

良好的职业道德，可以帮助纠正道路运输驾驶员不健康的心理，形成良好的信念、习惯和约束行为，可以调整个人和社会以及人们彼此之间的关系。所以道路运输驾驶员要以高度负责的精神热爱驾驶工作，明确自己的责任，忠于职守，爱岗敬业。在日常行车中，以交通法规为准则，不论在什么情况下，坚决不做违反交通法规、违反安全制度的事情，自觉维护交通秩序，增强自我约束能力，不开“赌气车”、不开“英雄车”、不开“带病车”，发生矛盾主动礼让，出现意外尽量忍耐，坚持文明行车。

3 必须具备良好的心理素质

驾驶汽车时要求沉着冷静、反应迅速、动作敏捷、操作准确，反常心理活动必然导致不良的后果。道路运输驾驶员在行车中无论遇到什么情况，当发现自己情绪不稳定时，要进行自我调解和疏导，用各种方法缓解消极情感，尽量减少对行车安全的影响，提高在各种复杂情况下的反应能力、精神承受压力和自我控制调节的应急能力。养成坚定、顽强、沉着、果断、机智的品格，不为情绪左右，不为外界事物分散精力，形成安全驾驶所要求的心理。能用正确敏捷的思路，在极短的时间内迅速、果断、安全有效地处理瞬息万变的交通情况，确保行车安全。

4 必须具备良好的身体素质

身体是承受艰苦工作和精神折磨的物质基础，身体状况不同，也会造成对待挫折态度的不同。道路运输驾驶员要能适应艰苦条件下的劳动，身体应该完全没有影响驾驶工作的疾病。当道路运输驾驶员疲劳过度、患有疾病时就会出现血压不正常、心脏功能不全，遇到紧急情况就会心理紧张，这是非常危险的。如果听力和视力达不到驾驶要求，就不能把行车中遇到的各种情况迅速传至大脑，作出正确的反应和判断，以致发生行车事故。所以道路运输驾驶员应具备良好的身体素质，确保精力充沛，才能够从容不迫地应付行车中各种异常情况和心理上的压力。

5 必须具备良好的驾驶习惯

良好的习惯一旦形成，就具有使动作、行为自动化的作用。道路运输驾驶员要坚决杜绝一切不良嗜好，时刻把乘客和车辆的安全放在心中，生活上要有规律，学会用健康的心理和体育活动保健自己，培养严格遵守制度的好习惯。

第二章 道路运输从业相关法律、法规

第一节 《中华人民共和国安全生产法》

教学目标：

掌握从业人员享有的权利、应尽的义务及所应承担的法律责任。

一 从业人员的权利

生产经营单位与从业人员订立的劳动合同，应当载明有关保障从业人员劳动安全、防止职业危害的事项，以及依法为从业人员办理工伤社会保险的事项。生产经营单位不得以任何形式与从业人员订立协议，免除或者减轻其对从业人员因生产安全事故伤亡依法应承担的责任。

生产经营单位的从业人员有权了解其作业场所和工作岗位存在的危险因素、防范措施及事故应急措施，有权对本单位的安全生产工作提出建议。

从业人员有权对本单位安全生产工作中存在的问题提出批评、检举、控告；有权拒绝违章指挥和强令冒险作业。生产经营单位不得因从业人员对本单位安全生产工作提出批评、检举、控告或者拒绝违章指挥、强令冒险作业而降低其工资、福利等待遇或者解除与其订立的劳动合同。

从业人员发现直接危及人身安全的紧急情况时，有权停止作业或者在采取可能的应急措施后撤离作业场所。生产经营单位不得因从业人员在前款紧急情况下停止作业或者采取紧急撤离措施而降低其工资、福利等待遇或者解除与其订立的劳动合同。

因生产安全事故受到损害的从业人员，除依法享有工伤社会保险外，依照

有关民事法律尚有获得赔偿的权利的，有权向本单位提出赔偿要求。

二 从业人员的义务

从业人员在作业过程中，应当严格遵守本单位的安全生产规章制度和操作规程，服从管理，正确佩戴和使用劳动防护用品。

从业人员应当接受安全生产教育和培训，掌握本职工作所需的安全生产知识，提高安全生产技能，增强事故预防和应急处理能力。

从业人员发现事故隐患或者其他不安全因素，应当立即向现场安全生产管理人员或者本单位负责人报告；接到报告的人员应当及时予以处理。

三 从业人员应承担的法律责任

违法行为及法律责任

序号	违法行为	法律责任
1	生产经营单位与从业人员订立协议，免除或者减轻其对从业人员因生产安全事故伤亡依法应承担的责任的	该协议无效；对生产经营单位的主要负责人、个人经营的投资人处2万元以上10万元以下的罚款
2	生产经营单位的从业人员不服从管理，违反安全生产规章制度或者操作规程的	由生产经营单位给予批评教育，依照有关规章制度给予处分
	造成重大事故，构成犯罪的	依照刑法有关规定追究刑事责任
3	生产经营单位主要负责人在本单位发生重大生产安全事故时，不立即组织抢救或者在事故调查处理期间擅离职守或者逃匿的	给予降职、撤职的处分，对逃匿的处15日以下拘留；构成犯罪的，依照刑法有关规定追究刑事责任
	生产经营单位主要负责人对生产安全事故隐瞒不报、谎报或者拖延不报的	依照前款规定处罚
4	生产经营单位发生生产安全事故造成人员伤亡、他人财产损失的	应当依法承担赔偿责任；拒不承担或者其负责人逃匿的，由人民法院依法强制执行。生产安全事故的责任人未依法承担赔偿责任，经人民法院依法采取执行措施后，仍不能对受害人给予足额赔偿的，应当继续履行赔偿义务；受害人发现责任人有其他财产的，可以随时请求人民法院执行

第二节 《中华人民共和国道路交通安全法》及实施条例

教学目标：

1. 掌握道路客运/货运车辆、驾驶员的相关规定；
2. 熟知道路客运/货运驾驶员违法行为所应承担的责任。

一 驾驶员

驾驶机动车，应当依法取得机动车驾驶证。申请机动车驾驶证，应当符合国务院公安部门规定的驾驶许可条件；经考试合格后，由公安机关交通管理部门发给相应类别的机动车驾驶证，机动车驾驶证的有效期为6年。驾驶员应当按照驾驶证载明的准驾车型驾驶机动车；驾驶机动车时，应当随身携带机动车驾驶证。

机动车驾驶员初次申领机动车驾驶证后的12个月为实习期。在实习期内驾驶机动车的，应当在车身后部粘贴或者悬挂统一式样的实习标志。机动车驾驶员在实习期内不得驾驶公共汽车、营运客车或者执行任务的警车、消防车、救护车、工程救险车以及载有爆炸物品、易燃易爆化学物品、剧毒或者放射性等危险物品的机动车；驾驶的机动车不得牵引挂车。

驾驶员驾驶机动车上道路行驶前，应当对机动车的安全技术性能进行认真检查；不得驾驶安全设施不全或者机件不符合技术标准等具有安全隐患的机动车。

饮酒、服用国家管制的精神药品或者麻醉药品，或者患有妨碍安全驾驶机动车的疾病，或者过度疲劳影响安全驾驶的，不得驾驶机动车。

二 车辆

国家对机动车实行登记制度。机动车经公安机关交通管理部门登记后，方可上道路行驶。尚未登记的机动车，需要临时上道路行驶的，应当取得临时通行牌证。

机动车应当从注册登记之日起，按照下列期限进行安全技术检验：

（1）营运载客汽车5年以内每年检验1次；超过5年的，每6个月检验1次；

（2）载货汽车和大型、中型非营运载客汽车10年以内每年检验1次；超过

10年的，每6个月检验1次；营运机动车在规定检验期限内经安全技术检验合格的，不再重复进行安全技术检验。

国家实行机动车强制报废制度，根据机动车的安全技术状况和不同用途，规定不同的报废标准。应当报废的机动车必须及时办理注销登记。达到报废标准的机动车不得上道路行驶。报废的大型客、货车及其他营运车辆应当在公安机关交通管理部门的监督下解体。

机动车号牌应当悬挂在车前、车后指定位置，保持清晰、完整。重型、中型载货汽车及其挂车、拖拉机及其挂车的车身或者车厢后部应当喷涂放大的牌号，字样应当端正并保持清晰。机动车检验合格标志、保险标志应当粘贴在机动车前窗右上角。机动车喷涂、粘贴标识或者车身广告的，不得影响安全驾驶。

用于公路营运的载客汽车、重型载货汽车、半挂牵引车应当安装、使用符合国家标准的行驶记录仪。交通警察可以对机动车行驶速度、连续驾驶时间以及其他行驶状态信息进行检查。

三 道路通行规定

机动车载人应当遵守下列规定：公路载客汽车不得超过核定的载客人数，但按照规定免票的儿童除外，在载客人数已满的情况下，按照规定免票的儿童不得超过核定载客人数的10%；载货汽车车厢不得载客。在城市道路上，货运机动车在留有安全位置的情况下，车厢内可以附载临时作业人员1～5人；载物高度超过车厢栏板时，货物上不得载人。

机动车载物不得超过机动车行驶证上核定的载质量，装载长度、宽度不得超出车厢，并应当遵守下列规定：重型、中型载货汽车，半挂车载物，高度从地面起不得超过4m，载运集装箱的车辆不得超过4.2m；其他载货的机动车载物，高度从地面起不得超过2.5m；载客汽车除车身外部的行李架和内置的行李舱外，不得载货。载客汽车行李架载货，从车顶起高度不得超过0.5m，从地面起高度不得超过4m。不得遗洒、飘散载运物。机动车运载超限的不可解体的物品，影响交通安全的，应当按照公安机关交通管理部门指定的时间、路线、速度行驶，悬挂明显标志。在公路上运载超限的不可解体的物品，并应当依照公路法的规定执行。机动车载运爆炸物品、易燃易爆化学物品以及剧毒、放射性等危险物品，应当经公安机关批准后，按指定的时间、路线、速度行驶，悬挂警示标志并采取必要的安全措施。禁止货运机动车载客，货运机动车需要附载作业人员的，应当设置保护作业人员的安全措施。

机动车牵引挂车应当符合下列规定：载货汽车、半挂牵引车、拖拉机只允许牵引1辆挂车。挂车的灯光信号、制动、连接、安全防护等装置应当符合国家标准；小型载客汽车只允许牵引旅居挂车或者总质量700kg以下的挂车。挂车不得载人；载货汽车所牵引挂车的载质量不得超过载货汽车本身的载质量。大型、中型载客汽车，低速载货汽车不得牵引挂车。

四 交通事故处理

在道路上发生交通事故，车辆驾驶员应当立即停车，保护现场；造成人身伤亡的，车辆驾驶员应当立即抢救受伤人员，并迅速报告执勤的交通警察或者公安机关交通管理部门。因抢救受伤人员变动现场的，应当标明位置。乘车人、过往车辆驾驶员、过往行人应当予以协助。在道路上发生交通事故，未造成人身伤亡，当事人对事实及成因无争议的，可以即行撤离现场，恢复交通，自行协商处理损害赔偿事宜；不即行撤离现场的，应当迅速报告执勤的交通警察或者公安机关交通管理部门。在道路上发生交通事故，仅造成轻微财产损失，并且基本事实清楚的，当事人应当先撤离现场再进行协商处理。

机动车发生交通事故造成人身伤亡、财产损失的，由保险公司在机动车第三者责任强制保险责任限额范围内予以赔偿；不足的部分，按照下列规定承担赔偿责任：机动车之间发生交通事故的，由有过错的一方承担赔偿责任；双方都有过错的，按照各自过错的比例分担责任；机动车与非机动车驾驶员、行人之间发生交通事故，非机动车驾驶员、行人没有过错的，由机动车一方承担赔偿责任；有证据证明非机动车驾驶员、行人有过错的，根据过错程度适当减轻机动车一方的赔偿责任；机动车一方没有过错的，承担不超过10%的赔偿责任。交通事故的损失是由非机动车驾驶员、行人故意碰撞机动车造成的，机动车一方不承担赔偿责任。

五 法律责任

违法行为及法律责任

序号	违法行为	法律责任
1	机动车驾驶员违反道路交通安全法律、法规关于道路通行规定的	处警告或者20元以上200元以下罚款
2	饮酒后驾驶机动车的	处暂扣6个月机动车驾驶证，并处1000元以上2000元以下罚款

续上表

序号	违法行为	法律责任
2	因饮酒后驾驶机动车被处罚，再次饮酒后驾驶机动车的	处10日以下拘留，并处1000元以上2000元以下罚款，吊销机动车驾驶证
	醉酒驾驶机动车的	由公安机关交通管理部门约束至酒醒，吊销机动车驾驶证，依法追究刑事责任；5年内不得重新取得机动车驾驶证
3	饮酒后驾驶营运机动车的	处15日拘留，并处5000元罚款，吊销机动车驾驶证，5年内不得重新取得机动车驾驶证
	醉酒驾驶营运机动车的	由公安机关交通管理部门约束至酒醒，吊销机动车驾驶证，依法追究刑事责任；10年内不得重新取得机动车驾驶证，重新取得机动车驾驶证后，不得驾驶营运机动车
	饮酒后或者醉酒驾驶机动车发生重大交通事故，构成犯罪的	依法追究刑事责任，并由公安机关交通管理部门吊销机动车驾驶证，终生不得重新取得机动车驾驶证
4	公路客运车辆载客超过额定乘员的	处200元以上500元以下罚款；超过额定乘员20%或者违反规定载货的，处500元以上2000元以下罚款
	货运机动车超过核定载质量的	处200元以上500元以下罚款；超过核定载质量30%或者违反规定载客的，处500元以上2000元以下罚款
	有前两款行为的	由公安机关交通管理部门扣留机动车至违法状态消除。运输单位的车辆有第一款、第二款规定的情形，经处罚不改的，对直接负责的主管人员处2000元以上5000元以下罚款
5	公路客运载客汽车超过核定乘员、载货汽车超过核定载质量的	公安机关交通管理部门依法扣留机动车后，驾驶员应当将超载的乘车人转运、将超载的货物卸载，费用由超载机动车的驾驶员或者所有人承担

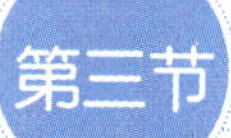

第三节 《中华人民共和国道路运输条例》

教学目标：

掌握道路运输经营许可、经营行为相关规定及内涵。

一 总则

道路运输经营包括道路旅客运输经营（以下简称客运经营）和道路货物运输经营（以下简称货运经营）；道路运输相关业务包括站（场）经营、机动车维修经营、机动车驾驶员培训。

从事道路运输经营以及道路运输相关业务，应当依法经营，诚实信用，公平竞争。

道路运输管理，应当公平、公正、公开和便民。

国家鼓励发展乡村道路运输，并采取必要的措施提高乡镇和行政村的通班车率，满足广大农民的生活和生产需要。

国家鼓励道路运输企业实行规模化、集约化经营。任何单位和个人不得封锁或者垄断道路运输市场。

国务院交通运输主管部门主管全国道路运输管理工作。县级以上地方人民政府交通运输主管部门负责组织领导本行政区域的道路运输管理工作。县级以上道路运输管理机构负责具体实施道路运输管理工作。

二 经营行为

1 客运

申请从事客运经营的，应当具备下列条件：有与其经营业务相适应并经检测合格的车辆；有符合本条例规定条件的驾驶员；有健全的安全生产管理制度。申请从事班线客运经营的，还应当有明确的线路和站点方案。

从事客运经营的驾驶员，应当符合下列条件：取得相应的机动车驾驶证；年龄不超过60周岁；3年内无重大以上交通责任事故记录；经设区的市级道路运输管理机构对有关客运法律法规、机动车维修和旅客急救基本知识考试合格。

申请从事客运经营的，应当按照下列规定提出申请并提交符合规定条件的相关材料：从事县级行政区域内客运经营的，向县级道路运输管理机构提出申

请；从事省、自治区、直辖市行政区域内跨2个县级以上行政区域客运经营的，向其共同的上一级道路运输管理机构提出申请；从事跨省、自治区、直辖市行政区域客运经营的，向所在地的省、自治区、直辖市道路运输管理机构提出申请。

客运经营者应当持道路运输经营许可证依法向工商行政管理机关办理有关登记手续。

客运班线的经营期限为4～8年。经营期限届满需要延续客运班线经营许可的，应当重新提出申请。

客运经营者需要终止客运经营的，应当在终止前30日内告知原许可机关。

客运经营者应当为旅客提供良好的乘车环境，保持车辆清洁、卫生，并采取必要的措施防止在运输过程中发生侵害旅客人身、财产安全的违法行为。

班线客运经营者取得道路运输经营许可证后，应当向公众连续提供运输服务，不得擅自暂停、终止或者转让班线运输。

客运经营者不得强迫旅客乘车，不得甩客、敲诈旅客；不得擅自更换运输车辆。

2 货运

申请从事货运经营的，应当具备下列条件：有与其经营业务相适应并经检测合格的车辆；有符合本条例规定条件的驾驶员；有健全的安全生产管理制度。

从事货运经营的驾驶员，应当符合下列条件：取得相应的机动车驾驶证；年龄不超过60周岁；经设区的市级道路运输管理机构对有关货运法律法规、机动车维修和货物装载保管基本知识考试合格。

申请从事货运经营的，应当按照下列规定提出申请并分别提交符合规定条件的相关材料：从事危险货物运输经营以外的货运经营的，向县级道路运输管理机构提出申请；从事危险货物运输经营的，向设区的市级道路运输管理机构提出申请。货运经营者应当持道路运输经营许可证依法向工商行政管理机关办理有关登记手续。

货运经营者不得运输法律、行政法规禁止运输的货物。法律、行政法规规定必须办理有关手续后方可运输的货物，货运经营者应当查验有关手续。

国家鼓励货运经营者实行封闭式运输，保证环境卫生和货物运输安全。

3 客运和货运的共同规定

客运经营者、货运经营者应当加强对从业人员的安全教育、职业道德教育，确保道路运输安全。道路运输从业人员应当遵守道路运输操作规程，不得违章作业。驾驶员连续驾驶时间不得超过4h。

生产（改装）客运车辆、货运车辆的企业应当按照国家规定标定车辆的核定人数或者载重量，严禁多标或者少标车辆的核定人数或者载重量。客运经营

者、货运经营者应当使用符合国家规定标准的车辆从事道路运输经营。

客运经营者、货运经营者应当加强对车辆的维护和检测，确保车辆符合国家规定的技术标准；不得使用报废的、擅自改装的和其他不符合国家规定的车辆从事道路运输经营。

客运经营者、货运经营者应当制定有关交通事故、自然灾害以及其他突发事件的道路运输应急预案。应急预案应当包括报告程序、应急指挥、应急车辆和设备的储备以及处置措施等内容。

发生交通事故、自然灾害以及其他突发事件，客运经营者和货运经营者应当服从县级以上人民政府或者有关部门的统一调度、指挥。

道路运输车辆应当随车携带车辆营运证，不得转让、出租。

客运经营者、危险货物运输经营者应当分别为旅客或者危险货物投保承运人责任险。

机动车驾驶员培训机构应当按照国务院交通运输主管部门规定的教学大纲进行培训，确保培训质量。培训结业的，应当向参加培训的人员颁发培训结业证书。

三 国际道路运输

国务院交通运输主管部门应当及时向社会公布中国政府与有关国家政府签署的双边或者多边道路运输协定确定的国际道路运输线路。

申请从事国际道路运输经营的，应当具备下列条件：依照规定取得道路运输经营许可证的企业法人；在国内从事道路运输经营满3年，且未发生重大以上道路交通责任事故。

申请从事国际道路运输的，应当向省、自治区、直辖市道路运输管理机构提出申请并提交符合规定条件的相关材料。省、自治区、直辖市道路运输管理机构应当自受理申请之日起20日内审查完毕，作出批准或者不予批准的决定。予以批准的，应当向国务院交通运输主管部门备案；不予批准的，应当向当事人说明理由。国际道路运输经营者应当持批准文件依法向有关部门办理相关手续。

中国国际道路运输经营者应当在其投入运输车辆的显著位置，标明中国国籍识别标志。外国国际道路运输经营者的车辆在中国境内运输，应当标明本国国籍识别标志，并按照规定的运输线路行驶；不得擅自改变运输线路，不得从事起止地都在中国境内的道路运输经营。

外国国际道路运输经营者经国务院交通运输主管部门批准，可以依法在中国境内设立常驻代表机构。常驻代表机构不得从事经营活动。

四 法律责任

违法行为及法律责任

序号	违法行为	法律责任
1	未取得道路运输经营许可，擅自从事道路运输经营的	由县级以上道路运输管理机构责令停止经营；有违法所得的，没收违法所得，处违法所得2倍以上10倍以下的罚款；没有违法所得或者违法所得不足2万元的，处3万元以上10万元以下的罚款；构成犯罪的，依法追究刑事责任
2	不符合条件的人员驾驶道路运输经营车辆的	由县级以上道路运输管理机构责令改正，处200元以上2000元以下的罚款；构成犯罪的，依法追究刑事责任
3	未经许可擅自从事道路运输站（场）经营的	由县级以上道路运输管理机构责令停止经营；有违法所得的，没收违法所得，处违法所得2倍以上10倍以下的罚款；没有违法所得或者违法所得不足1万元的，处2万元以上5万元以下的罚款；构成犯罪的，依法追究刑事责任
4	非法转让、出租道路运输许可证件的	由县级以上道路运输管理机构责令停止违法行为，收缴有关证件，处2000元以上1万元以下的罚款；有违法所得的，没收违法所得
5	未按规定投保承运人责任险的	由县级以上道路运输管理机构责令限期投保；拒不投保的，由原许可机关吊销道路运输经营许可证

续上表

序号	违法行为	法律责任
6	不按照规定携带车辆营运证的	由县级以上道路运输管理机构责令改正，处警告或者20元以上200元以下的罚款
7	不按批准的客运站点停靠或者不按规定的线路、公布的班次行驶的	县级以上道路运输管理机构责令改正，处1000元以上3000元以下的罚款；情节严重的，由原许可机关吊销道路运输经营许可证
	强行招揽旅客、货物的	
	在旅客运输途中擅自变更运输车辆或者将旅客移交他人运输的	
	未报告原许可机关，擅自终止客运经营的	
	没有采取必要措施防止货物脱落、扬撒的	
8	不按规定维护和检测运输车辆的	由县级以上道路运输管理机构责令改正，处1000元以上5000元以下的罚款
	擅自改装已取得车辆营运证的车辆的	由县级以上道路运输管理机构责令改正，处5000元以上2万元以下的罚款

第四节 《道路运输从业人员管理规定》

教学目标：

掌握道路运输驾驶员从业资格申请程序、条件、考试、证件使用规定。

一 总则

道路运输从业人员是指经营性道路客货运输驾驶员、道路危险货物运输从业人员、机动车维修技术人员、机动车驾驶培训教练员、道路运输经理人和其他道路运输从业人员。经营性道路客货运输驾驶员包括经营性道路旅客运输驾

驶员和经营性道路货物运输驾驶员。

道路运输从业人员应当依法经营，诚实信用，规范操作，文明从业。

道路运输从业人员管理工作应当公平、公正、公开和便民。

交通运输部负责全国道路运输从业人员管理工作。县级以上地方人民政府交通运输主管部门负责组织领导本行政区域内的道路运输从业人员管理工作，并具体负责本行政区域内道路危险货物运输从业人员的管理工作。县级以上道路运输管理机构具体负责本行政区域内经营性道路客货运输驾驶员、机动车维修技术人员、机动车驾驶培训教练员、道路运输经理人和其他道路运输从业人员的管理工作。

二 从业资格管理

国家对道路运输从业人员实行从业资格考试制度。经营性道路客货运输驾驶员和道路危险货物运输从业人员必须取得相应从业资格，方可从事相应的道路运输活动。

道路运输从业人员从业资格考试应当按照交通运输部编制的考试大纲、考试题库、考核标准、考试工作规范和程序组织实施。

经营性道路客货运输驾驶员从业资格考试由设区的市级道路运输管理机构组织实施，每月组织一次考试。

经营性道路旅客运输驾驶员应当符合下列条件：取得相应的机动车驾驶证1年以上；年龄不超过60周岁；3年内无重大以上交通责任事故；掌握相关道路旅客运输法规、机动车维修和旅客急救基本知识；经考试合格，取得相应的从业资格证件。

经营性道路货物运输驾驶员应当符合下列条件：取得相应的机动车驾驶证；年龄不超过60周岁；掌握相关道路货物运输法规、机动车维修和货物装载保管基本知识；经考试合格，取得相应的从业资格证件。

申请参加经营性道路客货运输驾驶员从业资格考试的人员，应当向其户籍地或者暂住地设区的市级道路运输管理机构提出申请，填写《经营性道路客货运输驾驶员从业资格考试申请表》，并提供下列材料：身份证明及复印件；机动车驾驶证及复印件；申请参加道路旅客运输驾驶员从业资格考试的，还应当提供道路交通安全主管部门出具的3年内无重大以上交通责任事故记录证明。

交通运输主管部门和道路运输管理机构对符合申请条件的申请人应当安排考试。

交通运输主管部门和道路运输管理

机构应当在考试结束10日内公布考试成绩。对考试合格人员，应当自公布考试成绩之日起10日内颁发相应的道路运输从业人员从业资格证件。

道路运输从业人员从业资格考试成绩有效期为1年，考试成绩逾期作废。

三 从业资格证件管理

经营性道路客货运输驾驶员经考试合格后，取得《中华人民共和国道路运输从业人员从业资格证》。道路运输从业人员从业资格证件由交通运输部统一印制并编号，全国通用。

经营性道路客货运输驾驶员从业资格证件由设区的市级道路运输管理机构发放和管理。道路运输从业人员从业资格证件有效期为6年。道路运输从业人员应当在从业资格证件有效期届满30日前到原发证机关办理换证手续。道路运输从业人员从业资格证件遗失、毁损的，应当到原发证机关办理证件补发手续。道路运输从业人员服务单位变更的，应当到交通运输主管部门或者道路运输管理机构办理从业资格证件变更手续。道路运输从业人员从业资格档案应当由原发证机关在变更手续办结后30日内移交户籍迁入地或者现居住地的交通运输主管部门或者道路运输管理机构。

道路运输从业人员办理换证、补证和变更手续，应当填写《道路运输从业人员从业资格证件换发、补发、变更登记表》。

交通运输主管部门和道路运输管理机构应当对符合要求的从业资格证件换发、补发、变更申请予以办理。申请人违反相关从业资格管理规定且尚未接受处罚的，受理机关应当在其接受处罚后换发、补发、变更相应的从业资格证件。

经营性道路客货运输驾驶员、道路危险货物运输从业人员在发证机关所在地以外从业，且从业时间超过3个月的，应当到服务地管理部门备案。

交通运输主管部门和道路运输管理机构应当将道路运输从业人员的违章行为记录在《中华人民共和国道路运输从业人员从业资格证》的违章记录栏内，并通报发证机关。发证机关应当将该记录作为道路运输从业人员诚信考核和计分考核的依据，并存入管理档案。机动车驾驶培训教练员违章记录直接记入教练员档案，并作为诚信考核的重要内容。

四 从业行为规定

经营性道路客货运输驾驶员以及道路危险货物运输从业人员应当在从业资格证件许可的范围内从事道路运输活

动。道路危险货物运输驾驶员除可以驾驶道路危险货物运输车辆外，还可以驾驶原从业资格证件许可的道路旅客运输车辆或者道路货物运输车辆。

道路运输从业人员在从事道路运输活动时，应当携带相应的从业资格证件，并应当遵守国家相关法规和道路运输安全操作规程，不得违法经营、违章作业。

经营性道路客货运输驾驶员和道路危险货物运输驾驶员不得超限、超载运输，连续驾驶时间不得超过4h。

经营性道路旅客运输驾驶员和道路危险货物运输驾驶员应当按照规定填写行车日志。行车日志式样由省级道路运输管理机构统一制定。

经营性道路旅客运输驾驶员应当采取必要措施保证旅客的人身和财产安全，发生紧急情况时，应当积极进行救护。经营性道路货物运输驾驶员应当采取必要措施防止货物脱落、扬撒等。严禁驾驶道路货物运输车辆从事经营性道路旅客运输活动。

五 法律责任

违法行为及法律责任

序号	违法行为	法律责任
1	未取得相应从业资格证件，驾驶道路客货运输车辆的	由县级以上道路运输管理机构责令改正，处200元以上2000元以下的罚款；构成犯罪的，依法追究刑事责任
	使用失效、伪造、变造的从业资格证件，驾驶道路客货运输车辆的	
	超越从业资格证件核定范围，驾驶道路客货运输车辆的	
2	未取得相应从业资格证件，从事道路危险货物运输活动的	由设区的市级人民政府交通运输主管部门处2万元以上10万元以下的罚款；构成犯罪的，依法追究刑事责任
	使用失效、伪造、变造的从业资格证件，从事道路危险货物运输活动的	
	超越从业资格证件核定范围，从事道路危险货物运输活动的	

续上表

序号	违法行为	法律责任
3	经营性道路客货运输驾驶员身体健康状况不符合有关机动车驾驶和相关从业要求且没有主动申请注销从业资格的	由发证机关吊销其从业资格证件
	经营性道路客货运输驾驶员发生重大以上交通事故，且负主要责任的	
	发现重大事故隐患，不立即采取消除措施，继续作业的	

第五节　《道路旅客运输及客运站管理规定》

教学目标：

掌握道路运输驾驶员从业资格申请程序、条件、考试、证件使用规定。

一　总则

从事道路旅客运输（以下简称道路客运）经营以及道路旅客运输站（以下简称客运站）经营的，应当遵守本规定。

本规定所称道路客运经营，是指用客车运送旅客、为社会公众提供服务、具有商业性质的道路客运活动，包括班车（加班车）客运、包车客运、旅游客运。

道路客运和客运站管理应当坚持以人为本、安全第一的宗旨，遵循公平、公正、公开、便民的原则，打破地区封锁和垄断，促进道路运输市场的统一、开放、竞争、有序，满足广大人民群众的出行需求。道路客运及客运站经营者应当依法经营，诚实信用，公平竞争，优质服务。

国家实行道路客运企业等级评定制度和质量信誉考核制度，鼓励道路客运经营者实行规模化、集约化、公司化经营，禁止挂靠经营。

交通运输部主管全国道路客运及客运站管理工作。县级以上地方人民政府交通运输主管部门负责组织领导本行政

区域的道路客运及客运站管理工作。县级以上道路运输管理机构负责具体实施道路客运及客运站管理工作。

二 经营许可

申请从事道路客运经营的，应当具备下列条件：有与其经营业务相适应并经检测合格的客车；有符合条件的从事客运经营的驾驶员；有健全的安全生产管理制度，包括安全生产操作规程、安全生产责任制、安全生产监督检查、驾驶员和车辆安全生产管理的制度；申请从事道路客运班线经营，还应当有明确的线路和站点方案。

申请从事道路客运经营的，应当按照下列规定提出申请：从事县级行政区域内客运经营的，向县级道路运输管理机构提出申请；从事省、自治区、直辖市行政区域内跨2个县级以上行政区域客运经营的，向其共同的上一级道路运输管理机构提出申请；从事跨省、自治区、直辖市行政区域客运经营的，向所在地的省、自治区、直辖市道路运输管理机构提出申请。

县级以上道路运输管理机构应当定期向社会公布本行政区域内的客运运力投放、客运线路布局、主要客流流向和流量等情况。道路运输管理机构在审查客运申请时，应当考虑客运市场的供求状况、普遍服务和方便群众等因素。

道路运输管理机构对符合法定条件的道路客运经营申请作出准予行政许可决定的，应当出具《道路客运经营行政许可决定书》，明确许可事项。许可事项为经营范围、车辆数量及要求、客运班线类型；并在10日内向被许可人发放《道路运输经营许可证》，并告知被许可人所在地道路运输管理机构。

被许可人应当持《道路运输经营许可证》依法向工商行政管理机关办理登记手续。

道路客运经营者设立子公司的，应当按规定向设立地道路运输管理机构申请经营许可；设立分公司的，应当向设立地道路运输管理机构报备。

客运经营者、客运站经营者需要变更许可事项或者终止经营的，应当向原许可机关提出申请，按本章有关规定办理。客运班线的经营主体、起讫地和日发班次变更和客运站经营主体、站址变更按照重新许可办理。客运经营者和客运站经营者在取得全部经营许可证件后无正当理由超过180日不投入运营或者运营后连续180日以上停运的，视为自动终止经营。

客运班线经营者在经营期限内暂停、终止班线经营，应当提前30日向原许可机关申请。经营期限届满，需要延续客运班线经营的，应当在届满前60日

提出申请。原许可机关应当依据本章有关规定作出许可或者不予许可的决定。予以许可的，重新办理有关手续。

客运经营者在客运班线经营期限届满后申请延续经营，符合下列条件的，应当予以优先许可：经营者在经营该客运班线过程中，无特大运输安全责任事故；经营者在经营该客运班线过程中，无情节恶劣的服务质量事件；经营者在经营该客运班线过程中，无严重违法经营行为；按规定履行了普遍服务的义务。

三 客运车辆管理

客运经营者应当依据国家有关技术规范对客运车辆进行定期维护，确保客运车辆技术状况良好。客运车辆的维护作业项目和程序应当按照国家标准《汽车维护、检测、诊断技术规范》（GB 18344）等有关技术标准的规定执行。严禁任何单位和个人为客运经营者指定车辆维护企业；车辆二级维护执行情况不得作为道路运输管理机构的路检路查项目。

客运经营者应当定期进行客运车辆检测，车辆检测结合车辆定期审验的频率一并进行。车籍所在地县级以上道路运输管理机构应当将车辆技术等级在《道路运输证》上标明。

县级以上道路运输管理机构应当定期对客运车辆进行审验，每年审验一次。

鼓励使用配置下置行李舱的客车从事道路客运。没有下置行李舱或者行李舱容积不能满足需求的客运车辆，可在客车车厢内设立专门的行李堆放区，但行李堆放区和乘客区必须隔离，并采取相应的安全措施。严禁在行李堆放区内载客。

客运经营者和县级以上道路运输管理机构应当分别建立客运车辆技术档案和管理档案，并妥善保管。对相关内容的记载应当及时、完整和准确，不得随意更改。

客运车辆办理过户变更手续时，客运经营者应当将车辆技术档案完整移交。县级以上道路运输管理机构应当对经营者车辆技术档案的建立情况实施监督管理。客运经营者对达到国家规定的报废标准或者经检测不符合国家强制性标准要求的客运车辆，应当及时交回《道路运输证》，不得继续从事客运经营。

四 客运经营管理

客运经营者应当按照道路运输管理机构决定的许可事项从事客运经营活动，不得转让、出租道路运输经营许可证件。

班线客运经营者取得经营许可后，应当向公众提供连续运输服务，不得擅自暂停、终止或者转让班线运输。

客运班车应当按照许可的线路、班

次、站点运行，在规定的途经站点进站上下旅客，无正当理由不得改变行驶线路，不得站外上客或者沿途揽客。农村客运班线是指县内或者毗邻县间至少有一端在乡村的客运班线。

客运经营者不得强迫旅客乘车，不得中途将旅客交给他人运输或者甩客，不得敲诈旅客，不得擅自更换客运车辆，不得阻碍其他经营者的正常经营活动。

严禁客运车辆超载运行，在载客人数已满的情况下，允许再搭乘不超过核定载客人数10%的免票儿童。客运车辆不得违反规定载货。

客运经营者应当遵守有关运价规定，使用规定的票证，不得乱涨价、恶意压价、乱收费。

客运经营者应当在客运车辆外部的适当位置喷印企业名称或者标识，在车厢内显著位置公示道路运输管理机构监督电话、票价和里程表。

客运经营者应当为旅客提供良好的乘车环境，确保车辆设备、设施齐全有效，保持车辆清洁、卫生，并采取必要的措施防止在运输过程中发生侵害旅客人身、财产安全的违法行为。当运输过程中发生侵害旅客人身、财产安全的治安违法行为时，客运经营者在自身能力许可的情况下，应当及时向公安机关报告并配合公安机关及时终止治安违法行为。客运经营者不得在客运车辆上从事播放淫秽录像等不健康的活动。

客运经营者应当为旅客投保承运人责任险。

客运经营者在运输过程中造成旅客人身伤亡，行李毁损、灭失，当事人对赔偿数额有约定的，依照其约定；没有约定的，参照国家有关港口间海上旅客运输和铁路旅客运输赔偿责任限额的规定办理。

客运经营者应当加强对从业人员的安全、职业道德教育和业务知识、操作规程培训。并采取有效措施，防止驾驶员连续驾驶时间超过4h。客运车辆驾驶员应当遵守道路运输法规和道路运输驾驶员操作规程，安全驾驶，文明服务。

客运经营者应当制定突发公共事件的道路运输应急预案。应急预案应当包括报告程序、应急指挥、应急车辆和设备的储备以及处置措施等内容。发生突发公共事件时，客运经营者应当服从县级及以上人民政府或者有关部门的统一调度、指挥。

客运经营者应当建立和完善各类台账和档案，并按要求及时报送有关资料和信息。

旅客应当持有效客票乘车，遵守乘车秩序，文明礼貌，携带免票儿童的乘客应当在购票时声明。不得携带国家规定的危险物品及其他禁止携带的物品乘车。

五 法律责任

违法行为及法律责任

序号	违法行为	法律责任
1	未取得道路客运经营许可，擅自从事道路客运经营的	由县级以上道路运输管理机构责令停止经营；有违法所得的，没收违法所得，处违法所得2倍以上10倍以下的罚款；没有违法所得或者违法所得不足2万元的，处3万元以上10万元以下的罚款；构成犯罪的，依法追究刑事责任
	未取得道路客运班线经营许可，擅自从事班车客运经营的	
	使用失效、伪造、变造、被注销等无效的道路客运许可证件从事道路客运经营的	
	超越许可事项，从事道路客运经营的	
2	未取得客运站经营许可，擅自从事客运站经营的	由县级以上道路运输管理机构责令停止经营；有违法所得的，没收违法所得，处违法所得2倍以上10倍以下的罚款；没有违法所得或者违法所得不足1万元的，处2万元以上5万元以下的罚款；构成犯罪的，依法追究刑事责任
	使用失效、伪造、变造、被注销等无效的客运站许可证件从事客运站经营的	
	超越许可事项，从事客运站经营的	
3	客运经营者、客运站经营者非法转让、出租道路运输经营许可证件的	由县级以上道路运输管理机构责令停止违法行为，收缴有关证件，处2000元以上1万元以下的罚款；有违法所得的，没收违法所得
4	未为旅客投保承运人责任险的	违反本规定，客运经营者有下列行为之一，由县级以上道路运输管理机构责令限期投保；拒不投保的，由原许可机关吊销《道路运输经营许可证》或者吊销相应的经营范围
	未按最低投保限额投保的	
	投保的承运人责任险已过期，未继续投保的	

续上表

序号	违法行为	法律责任
5	取得客运经营许可的客运经营者使用无《道路运输证》的车辆参加客运经营的	由县级以上道路运输管理机构责令改正，处3000元以上1万元以下的罚款
	客运经营者不按照规定携带《道路运输证》的	由县级以上道路运输管理机构责令改正，处警告或者20元以上200元以下的罚款
6	客运经营者（含国际道路客运经营者）、客运站经营者及客运相关服务经营者不按规定使用道路运输业专用票证或者转让、倒卖、伪造道路运输业专用票证的	由县级以上道路运输管理机构责令改正，处1000元以上3000元以下的罚款
7	客运班车不按批准的客运站点停靠或者不按规定的线路、班次行驶的	客运经营者有上述情形之一的，由县级以上道路运输管理机构责令改正，处1000元以上3000元以下的罚款；情节严重的，由原许可机关吊销《道路运输经营许可证》或者吊销相应的经营范围
	加班车、顶班车、接驳车无正当理由不按原正班车的线路、站点、班次行驶的	
	客运包车未持有效的包车客运标志牌进行经营的，不按照包车客运标志牌载明的事项运行的，线路两端均不在车籍所在地的，按班车模式定点定线运营的，招揽包车合同以外的旅客乘车的	
	以欺骗、暴力等手段招揽旅客的	
	在旅客运输途中擅自变更运输车辆或者将旅客移交他人运输的	
	未报告原许可机关，擅自终止道路客运经营的	

续上表

序号	违法行为	法律责任
8	客运经营者、客运站经营者已不具备开业要求的有关安全条件、存在重大运输安全隐患的	由县级以上道路运输管理机构责令限期改正；在规定时间内不能按要求改正且情节严重的，由原许可机关吊销《道路运输经营许可证》或者吊销相应的经营范围
9	客运经营者不按规定维护和检测客运车辆的	由县级以上道路运输管理机构责令改正，处1000元以上5000元以下的罚款
10	客运经营者使用擅自改装或者擅自改装已取得《道路运输证》的客运车辆的	由县级以上道路运输管理机构责令改正，处5000元以上2万元以下的罚款

第六节 《道路货物运输及站场管理规定》

教学目标：

掌握货运经营的有关规定及内涵。

一 总则

从事道路货物运输经营和道路货物运输站（场）经营的，应当遵守本规定。本规定所称道路货物运输经营，是指为社会提供公共服务、具有商业性质的道路货物运输活动。道路货物运输包括道路普通货运、道路货物专用运输、道路大型物件运输和道路危险货物运输。本规定所称道路货物专用运输，是指使用集装箱、冷藏保鲜设备、罐式容器等专用车辆进行的货物运输。

道路货物运输管理应当公平、公正、公开和便民。

鼓励道路货物运输实行集约化、网络化经营。鼓励采用集装箱、封闭厢式车和多轴重型车运输。

交通运输部主管全国道路货物运输和货运站管理工作。县级以上地方人民政府交通运输主管部门负责组织领导本行政区域的道路货物运输和货运站管理工作。县级以上道路运输管理机构具体实施本行政区域的道路货物运输和货运站管理工作。

二 经营许可

申请从事道路货运经营的，应当具备下列条件：

（1）有与其经营业务相适应并经检测合格的运输车辆；

（2）有符合规定条件的驾驶员；

（3）有健全的安全生产管理制度，包括安全生产责任制度、安全生产业务操作规程、安全生产监督检查制度、驾驶员和车辆安全生产管理制度等。

申请从事道路货物运输经营的，应当向县级道路运输管理机构提出申请，并提供以下材料：

（1）《道路货物运输经营申请表》；

（2）负责人身份证明，经办人的身份证明和委托书；

（3）机动车辆行驶证、车辆检测合格证明复印件；拟投入运输车辆的承诺书，承诺书应当包括车辆数量、类型、技术性能、投入时间等内容；

（4）聘用或者拟聘用驾驶员的机动车驾驶证、从业资格证及其复印件；

（5）安全生产管理制度文本；

（6）法律、法规规定的其他材料。

三 货运车辆管理

道路货物运输经营者应当建立车辆技术管理制度，按照国家规定的技术规范对货运车辆进行定期维护，确保货运车辆技术状况良好。货运车辆的维护作业项目和程序应当按照国家标准《汽车维护、检测、诊断技术规范》（GB 18344）等有关技术标准的规定执行。严禁任何单位和个人为道路货物运输经营者指定车辆维护企业；车辆二级维护执行情况不得作为路检路查项目。

道路货物运输经营者应当定期进行货运车辆检测，车辆检测结合车辆定期审验的频率一并进行。县级以上道路运输管理机构应当定期对货运车辆进行审验，每年审验一次。

道路货物运输经营者和县级以上道路运输管理机构应当分别建立货运车辆技术档案和管理档案，并妥善保管。对相关内容的记载应当及时、完整和准确，不得随意更改。道路货物运输车辆办理过户变更手续时，道路货物运输经营者应当将货运车辆技术档案完整移交。县级以上道路运输管理机构对经营者车辆技术档案建立情况实施监督管理。

道路货物运输经营者对达到国家规定的报废标准或者经检测不符合国家强制性标准要求的货运车辆，应当及时交回《道路运输证》，不得继续从事道路货物运输经营。

四 货运经营管理

道路货物运输经营者应当按照《道路运输经营许可证》核定的经营范围从事货物运输经营，不得转让、出租道路运输经营许可证件。

道路货物运输经营者应当对从业人员进行经常性的安全、职业道德教育和业务知识、操作规程培训。

道路货物运输经营者应当按照国家有关规定在其重型货运车辆、牵引车上安装、使用行驶记录仪，并采取有效措施，防止驾驶员连续驾驶时间超过4h。

道路货物运输经营者应当要求其聘用的车辆驾驶员随车携带《道路运输证》。《道路运输证》不得转让、出租、涂改、伪造。

道路货物运输经营者应当聘用持有从业资格证的驾驶员。营运驾驶员应当驾驶与其从业资格类别相符的车辆。驾驶营运车辆时，应当随身携带从业资格证。

运输的货物应当符合货运车辆核定的载质量，载物的长、宽、高不得违反装载要求。禁止货运车辆违反国家有关规定超限、超载运输。禁止使用货运车辆运输旅客。

道路货物运输经营者运输大型物件，应当制定道路运输组织方案。涉及超限运输的应当按照交通部颁布的《超限运输车辆行驶公路管理规定》办理相应的审批手续。

从事大型物件运输的车辆，应当按照规定装置统一的标志和悬挂标志旗；夜间行驶和停车休息时应当设置标志灯。

道路货物运输经营者不得运输法律、行政法规禁止运输的货物。道路货物运输经营者在受理法律、行政法规规定限运、凭证运输的货物时，应当查验并确认有关手续齐全有效后方可运输。

道路货物运输经营者不得采取不正当手段招揽货物、垄断货源。不得阻碍其他货运经营者开展正常的运输经营活动。道路货物运输经营者应当采取有效措施，防止货物变质、腐烂、短少或者损失。

道路货物运输经营者应当制定有关交通事故、自然灾害、公共卫生以及其他突发公共事件的道路运输应急预案。应急预案应当包括报告程序、应急指挥、应急车辆和设备的储备以及处置措施等内容。

国家鼓励实行封闭式运输。道路货物运输经营者应当采取有效的措施，防止货物脱落、扬撒等情况发生。

道路货物运输经营者应当严格遵守国家有关价格法律、法规和规章的规定，不得恶意压价竞争。

五 法律责任

违法行为及法律责任

序号	违法行为	法律责任
1	未取得道路货物运输经营许可，擅自从事道路货物运输经营的	有上述行为之一的，由县级以上道路运输管理机构责令停止经营；有违法所得的，没收违法所得，处违法所得2倍以上10倍以下的罚款；没有违法所得或者违法所得不足2万元的，处3万元以上10万元以下的罚款；构成犯罪的，依法追究刑事责任
	使用失效、伪造、变造、被注销等无效的道路运输经营许可证件从事道路货物运输经营的	
	超越许可的事项，从事道路货物运输经营的	
2	道路货物运输和货运站经营者非法转让、出租道路运输经营许可证件的	由县级以上道路运输管理机构责令停止违法行为，收缴有关证件，处2000元以上1万元以下的罚款；有违法所得的，没收违法所得
3	取得道路货物运输经营许可的道路货物运输经营者使用无道路运输证的车辆参加货物运输的	由县级以上道路运输管理机构责令改正，处3000元以上1万元以下的罚款
4	道路货物运输经营者不按照规定携带《道路运输证》的	由县级以上道路运输管理机构责令改正，处警告或者20元以上200元以下的罚款
5	道路货物运输经营者、货运站经营者已不具备开业要求的有关安全条件、存在重大运输安全隐患的	由县级以上道路运输管理机构限期责令改正；在规定时间内不能按要求改正且情节严重的，由原许可机关吊销《道路运输经营许可证》或者吊销其相应的经营范围

续上表

序号	违法行为	法律责任
6	强行招揽货物的	有上述情形之一的，由县级以上道路运输管理机构责令改正，处1000元以上3000元以下的罚款；情节严重的，由原许可机关吊销道路运输经营许可证或者吊销其相应的经营范围
7	没有采取必要措施防止货物脱落、扬撒的	
8	道路货物运输经营者不按规定维护和检测运输车辆的	由县级以上道路运输管理机构责令改正，处1000元以上5000元以下的罚款
9	道路货物运输经营者使用擅自改装或者擅自改装已取得《道路运输证》的车辆的	由县级以上道路运输管理机构责令改正，处5000元以上2万元以下的罚款
10	没有建立货运车辆技术档案的	有上述行为之一的，由县级以上道路运输管理机构责令限期整改，整改不合格的，予以通报
	没有按照国家有关规定在货运车辆上安装行驶记录仪的	
	大型物件运输车辆不按规定悬挂、标明运输标志的	
	发生公共突发性事件，不接受当地政府统一调度安排的	
	因配载造成超限、超载的	
	运输没有限运证明物资的	
	未查验禁运、限运物资证明，配载禁运、限运物资的	

第七节 《公路安全保护条例》

教学目标：

1. 掌握超限运输的有关规定及货物装载的有关要求；
2. 熟知货运驾驶员违法行为所应承担的责任。

一 公路通行

车辆的外廓尺寸、轴荷和总质量应当符合国家有关车辆外廓尺寸、轴荷、质量限值等机动车安全技术标准，不符合标准的不得生产、销售。

运输不可解体物品需要改装车辆的，应当由具有相应资质的车辆生产企业按照规定的车型和技术参数进行改装。

超过公路、公路桥梁、公路隧道限载、限高、限宽、限长标准的车辆，不得在公路、公路桥梁或者公路隧道行驶；超过汽车渡船限载、限高、限宽、限长标准的车辆，不得使用汽车渡船。

车辆载运不可解体物品，车货总体的外廓尺寸或者总质量超过公路、公路桥梁、公路隧道的限载、限高、限宽、限长标准，确需在公路、公路桥梁、公路隧道行驶的，从事运输的单位和个人应当向公路管理机构申请公路超限运输许可。

车辆应当规范装载，装载物不得触地拖行。车辆装载物易掉落、遗洒或者飘散的，采取厢式密闭等有效防护措施后方可在公路上行驶。

二 法律责任

违法行为及法律责任

序号	违法行为	法律责任
1	在公路上行驶的车辆，车货总体的外廓尺寸、轴荷或者总质量超过公路、公路桥梁、公路隧道、汽车渡船限定标准的	由公路管理机构责令改正，可以处3万元以下的罚款

续上表

序号	违法行为	法律责任
2	经批准进行超限运输的车辆，未按照指定时间、路线和速度行驶的	由公路管理机构或者公安机关交通管理部门责令改正；拒不改正的，公路管理机构或者公安机关交通管理部门可以扣留车辆
	未随车携带超限运输车辆通行证的	由公路管理机构扣留车辆，责令车辆驾驶员提供超限运输车辆通行证或者相应的证明
	租借、转让超限运输车辆通行证的	由公路管理机构没收超限运输车辆通行证，处1000元以上5000元以下的罚款
	使用伪造、变造的超限运输车辆通行证的	由公路管理机构没收伪造、变造的超限运输车辆通行证，处3万元以下的罚款
3	对1年内违法超限运输超过3次的货运车辆驾驶员	由道路运输管理机构责令其停止从事营业性运输
4	采取故意堵塞固定超限检测站点通行车道、强行通过固定超限检测站点等方式扰乱超限检测秩序的 采取短途驳载等方式逃避超限检测的	有上述行为之一的，由公路管理机构强制拖离或者扣留车辆，处3万元以下的罚款
5	指使、强令车辆驾驶员超限运输货物的	由道路运输管理机构责令改正，处3万元以下的罚款
6	车辆装载物触地拖行、掉落、遗洒或者飘散，造成公路路面损坏、污染的	由公路管理机构责令改正，处5000元以下的罚款

第八节《道路运输驾驶员诚信考核办法》

教学目标：

掌握道路运输驾驶员诚信考核的目的及内涵。

一 总则

本办法所称的道路运输驾驶员，是指经营性道路客货运输驾驶员和道路危险货物运输驾驶员。

本办法所称的诚信考核，是指对道路运输驾驶员在道路运输活动中的安全生产、遵守法规和服务质量等情况进行的综合评价。

道路运输驾驶员诚信考核工作应当遵循公平、公正、公开和便民的原则。

道路运输驾驶员应当自觉遵守国家相关法律、行政法规及规章，诚实信用，文明从业，履行社会责任，为社会提供安全、优质的运输服务。

交通运输部主管全国道路运输驾驶员诚信考核工作。县级以上人民政府交通运输主管部门负责组织领导本行政区域内的道路运输驾驶员诚信考核工作。县级以上道路运输管理机构按照本办法规定的职责负责组织实施本行政区域内的道路运输驾驶员诚信考核工作。

二 诚信考核等级与计分

道路运输驾驶员诚信考核等级分为优良、合格、基本合格和不合格，分别用AAA级、AA级、A级和B级表示。

道路运输驾驶员诚信考核内容包括：安全生产情况（安全生产责任事故情况）；遵守法规情况（违反道路运输相关法律、行政法规、规章的有关情况）；服务质量情况（服务质量事件和有责投诉的有关情况）。

道路运输驾驶员诚信考核实行计分制，考核周期为12个月，满分为20分，从道路运输驾驶员初次领取从业资格证件之日起计算。一个考核周期届满，经签注诚信考核等级后，该考核周期内的计分予以清除，不转入下一个考核周

期。根据道路运输驾驶员违反诚信考核指标的情况，一次计分的分值分别为：20分、10分、5分、3分、1分五种。计分分值标准见下表。

道路运输驾驶员诚信考核计分分值标准表

道路运输驾驶员有下列情形之一的	计分分值
（1）从事道路运输经营活动，发生重大以上道路交通事故，且负同等责任的； （2）转让、出租从业资格证件的； （3）超越从业资格证件核定范围，从事道路运输活动的； （4）驾驶未取得《道路运输证》的危险货物运输车辆，从事道路危险货物运输的； （5）本次诚信考核过程中或者上一次诚信考核等级签注后，发现其有弄虚作假、隐瞒相关诚信考核情况，且情节严重的	20分
（1）从事道路运输经营活动，发生重大以上道路交通事故，且负次要责任的； （2）驾驶无《道路运输证》的车辆，从事道路旅客或者货物运输经营活动的； （3）驾驶无包车客运标志牌、包车票、包车合同的车辆，从事客运包车经营的； （4）驾驶未取得《超限运输车辆通行证》的车辆，从事超限运输经营活动的； （5）擅自涂改、伪造、变造从业资格证件上相关记录的； （6）有受到省级及以上交通运输主管部门或者道路运输管理机构通报批评的服务质量记录的	10分
（1）驾驶无道路客运班线经营许可的车辆，从事班车客运经营的； （2）超越《道路运输证》上注明的经营类别或者经营范围，从事道路运输经营活动的； （3）驾驶擅自改装的车辆，从事道路运输经营活动的； （4）驾驶客运班车不按批准的客运站点停靠或者不按规定的线路、班次行驶的； （5）驾驶客运包车未按照约定的时间、起始地、目的地和线路行驶的	5分

续上表

道路运输驾驶员有下列情形之一的	计分分值
（6）未配合汽车客运站执行车辆安全例行检查以及出站检查制度，擅自驾驶客车出站的； （7）在旅客运输途中擅自变更运输车辆或者将旅客移交他人运输的； （8）驾驶的危险货物运输车辆未按照危险化学品的特性采取必要安全防护措施的； （9）有受到设区的市级交通运输主管部门或者道路运输管理机构通报批评的服务质量记录的	5分
（1）没有采取必要措施防止货物脱落、扬撒的； （2）驾驶未按规定维护、检测的车辆，从事道路运输经营活动的； （3）驾驶未按规定投保承运人责任险的车辆，从事道路旅客或者危险货物运输经营活动的； （4）无正当理由超过规定时间30日以上未签注诚信考核等级的； （5）超过规定时间30日以上未参加继续教育培训的； （6）有受到县级交通运输主管部门或者道路运输管理机构通报批评的服务质量记录的	3分
（1）未按规定携带《道路运输证》、《道路运输从业人员从业资格证》，从事道路运输经营活动的； （2）未按规定随车携带《道路客运班线经营许可证明》，从事班线客运经营的； （3）未在规定位置放置客运标志牌，从事道路旅客运输经营活动的； （4）服务单位变更，未申请办理从业资格证件变更手续的； （5）道路危险货物运输和经营性道路旅客运输驾驶员未按规定填写行车日志的； （6）超过规定时间，未签注诚信考核等级，且未达30日的； （7）超过规定时间，未参加继续教育培训，且未达30日的	1分

对道路运输驾驶员的道路运输违法行为，处罚与计分同时执行。道路运输驾驶员一次有两个以上违法行为的，计分时应当分别计算，累加分值。

道路运输驾驶员对道路运输违法行为处罚不服，申请行政复议或者提起行政诉讼后，经依法裁决变更或者撤销原处罚决定的，相应计分分值予以变更或者撤销，相应的诚信考核等级按规定予以调整。

道路运输驾驶员诚信考核等级，由道路运输管理机构按照下列标准进行评定：

（1）道路运输驾驶员具备以下条件的，诚信考核等级为AAA级：

①上一考核周期的诚信考核等级为AA级及以上；

②考核周期内累计计分分值为0分。

（2）道路运输驾驶员具备以下条件的，诚信考核等级为AA级：

①未达到AAA级的考核条件；

②上一考核周期的诚信考核等级为A级及以上；

③考核周期内累计计分分值未达到10分。

（3）道路运输驾驶员具备以下条件的，诚信考核等级为A级：

①未达到AA级的考核条件；

②考核周期内累计计分分值未达到20分。

（4）道路运输驾驶员考核周期内累计计分有20分及以上记录的，诚信考核等级为B级。

第九节 《道路运输驾驶员继续教育办法》

教学目标：

掌握道路运输驾驶员继续教育的目的及内涵。

一 总则

本办法所称的道路运输驾驶员，是指持有《中华人民共和国道路运输从业人员从业资格证》的经营性道路客货运输驾驶员和道路危险货物运输驾驶员。本办法所称的继续教育，是指为不断提高道路运输驾驶员的职业技能和职业道德水平，使其知识和技能得到更新的多种形式的教育。

接受继续教育是道路运输驾驶员的义务。道路运输驾驶员应当按照规定接受相应的继续教育。

继续教育坚持以具有一定规模的道路运输企业实施为主的原则。

交通运输部负责指导全国道路运输驾驶员的继续教育工作。县级以上地方人民政府交通运输主管部门负责组织领导本行政区域内的道路运输驾驶员继续教育工作。县级以上道路运输管理机构负责监督本行政区域内的道路运输驾驶员继续教育工作。

二 继续教育的内容和形式

交通运输部统一制定道路运输驾驶员继续教育大纲并向社会公布。继续教育大纲内容包括道路运输相关政策法规、职业道德、运输安全和节能减排等。

道路运输驾驶员继续教育周期为2年。道路运输驾驶员在每个周期接受继续教育的时间累计应不少于24学时。

道路运输驾驶员继续教育以接受道路运输企业组织并经县级以上道路运输管理机构备案的培训为主。不具备条件的运输企业和个体运输驾驶员的继续教育工作，由其他继续教育机构承担。继续教育还包括以下形式：

（1）经许可的道路运输驾驶员从业资格培训机构组织的继续教育；

（2）交通运输部或省级交通运输主管部门备案的网络远程继续教育；

（3）经省级道路运输管理机构认定的其他继续教育形式。

三 继续教育的组织和实施

道路运输企业应当组织和督促本单位的道路运输驾驶员参加继续教育，并保证道路运输驾驶员参加继续教育的时间，提供必要的学习条件。

道路运输管理机构应当建立继续教育机构的信用管理数据库，对参与继续教育的教职人员建立信用档案，规范继续教育机构的教学行为，完善监督管理。

道路运输驾驶员完成继续教育并经相应道路运输管理机构确认后，道路运输管理机构应当及时在其从业资格证件和从业资格管理档案予以记载。继续教育的确认可采取考核或学时认定等方式，具体由省级道路运输管理机构确定。

第三章 道路旅客运输知识

第一节 道路旅客运输基础知识

教学目标：

1. 了解旅客运输的分类与特点；
2. 掌握旅客运输车辆类型与使用、旅客运输的基本环节、危险化学品的识别；
3. 熟知客运合同与保险知识。

一 道路旅客运输的定义

道路旅客运输是指运用道路载客工具（主要指汽车）在道路（公路、城市道路）上使旅客进行位置移动的活动。

二 道路旅客运输的分类

根据运输方式不同，道路旅客运输分为班车客运、包车客运、旅游客运。

1 班车客运

班车客运是指营运客车在城乡道路上按照固定的线路、时间、站点、班次运行的一种客运方式，包括直达班车客运和普通班车客运。加班车客运是班车客运的一种补充形式，是在客运班车不能满足需要或者无法正常运营时，临时增加或者调配客车按客运班车的线路、站点运行的方式。

2 包车客运

包车客运是指以运送团体旅客为目的，将客车包租给用户安排使用，提供驾驶劳务，按照约定的起始地、目的地和路线行驶，按行驶里程或者包用时间

计费并统一支付费用的一种客运方式。

3 旅游客运

旅游客运是指以运送旅游观光的旅客为目的，在旅游景区内运营或者其线路至少有一端在旅游景区（点）的一种客运方式。

三 道路旅客运输的特点

道路旅客运输与其他客运方式相比，有以下特点：

（1）道路旅客运输是沟通城市与乡村，连接内地和边疆，分布最广阔，在各种客运方式中网络最为密集的运输方式。

（2）以汽车为主要运输工具，对道路条件适应性强，能够运达山区、林区、牧区等不易到达的地方。

（3）具有机动、灵活、方便等特点，既可组织较多车辆完成一定规模的、大批量的旅客运输任务，也可单车作业，完成小批量的旅客运输任务，还可以为铁路、水路、航空等运输方式集散旅客，具有其他运输方式所没有的“门到门”运输和就近上下客等特点。

（4）道路客运线路纵横交错、干支相连，线路和站点形成网络，并易于根据情况调整，便利旅客乘车，能较好地满足旅客出行的需要。

（5）投资少，资金回收快，车辆更新容易，能适应国民经济的发展和人民物质文化水平提高的需要。

四 旅客运输车辆类型与使用

1 旅客运输车辆的类型

旅客运输车辆按车长分为特大型、大型、中型和小型4种，客车等级按类型分成18个等级。

旅客运输车辆类型划分（单位：m）

类型	特大型（双层客车）					大型					中型				小型			
车长L	$13.7 \geq L > 12$					$12 \geq L > 9$					$9 \geq L > 6$				$6 \geq L > 3.5$			
等级	高三级	高二级	高一级	中级	普通级	高三级	高二级	高一级	中级	普通级	高二级	高一级	中级	普通级	高二级	高一级	中级	普通级

2 旅客运输车辆的使用要求

（1）从事高速公路客运或者营运线路长度在800km以上的应达到一级技术等级；营运线路长度在400km以上的应达到二级技术等级及以上；其他应达到三级及以上技术等级。

（2）从事高速公路客运、旅游客运和营运线路长度在800km以上的客运车辆，其车辆类型等级应当达到行业标准《营运客车类型划分及等级评定》（JT/T 325）规定的中级以上。普通级的客车不能从事高速、旅游和线路在800km以上

的客运经营。

（3）禁止使用报废的、擅自改装的、拼装的、检测不合格的客车以及其他不符合国家规定的车辆从事道路客运经营。

五 旅客运输的基本环节

旅客运输主要包括售票、行包承运、候车服务、客车准备、检票上车、客车运行、到达下车、检票出站、交付行包及其他服务性工作。在这些环节中，客运驾驶员应注意：

（1）随车售票一般是由班车上的乘务员或驾驶员在旅客上车后或下车前发售车票。

（2）客车到达目的地后，驾驶员应与车站值班人员履行行包交接手续。旅客在中途无站点地方提取行包时，驾乘人员须查对无误，方可将行包交付旅客并收回行包提取单。

（3）旅客上车就座后，驾乘人员应利用发车前的时间讲解乘车注意事项，讲解的内容包括本次班车的终点、中途停靠站、途中膳宿地点、正点发车时间、到达时间以及行车中的安全注意事项等。

（4）班车到站，驾驶员要按值班人员指挥将车辆停放在适当地点，将行车路单、行包交接清单等有关资料交予站务人员，并向值班人员说明本站下车人数，点交本站的行包及公文、物品等。

六 危险品的识别

乘客禁止携带的危险品包括压缩气体，有毒物品，有腐蚀性的物品，管制刀具、枪械，枪支弹药及可能危害行车及乘客安全的物品。具体说来，主要包括以下十大类物品：

（1）爆炸品，如雷管、导火索、炸药、鞭炮、烟花、发令纸（打火纸）等；

（2）易燃物品，如汽油、煤油、酒精、松节油、油漆等；

（3）易燃固体，如硫磺、油布及其制品等；

（4）压缩气体类，如打火机气体、液化石油气等；

（5）自燃物品，如黄磷等；

（6）毒害物品，如砒霜、敌敌畏等；

（7）腐蚀性物品，如硫酸、盐酸、臭氧水、苛性钠等；

（8）放射性物品，如夜光粉、发光剂、放射性同位素等；

（9）氧化剂类物品；

（10）遇水易燃烧物品，如金属镁粉、金属钠、铝粉等。

七 客运合同与保险知识

客运合同是承运人与旅客关于承运人将旅客及其行李安全运送到目的地，旅客为此支付运费的合同，属即时清结的合同形式。客运合同自承运人向旅客

交付客票时成立。当事人另有约定或者另有交易习惯的除外。

1 旅客的义务

（1）旅客有持有效客票乘运的义务。客票为表示承运人有运送其持有人义务的书面凭证，是收到旅客承运费用的收据。客票并非旅客运输合同的书面形式，但它却是证明旅客运输合同的唯一凭证，也是旅客乘运的唯一凭证。因此，旅客均须凭有效客票才能承运，除特别情形外，不能无票承运。旅客无票乘运、超程乘运、越级乘运或者持失效客票乘运的，应当补交票款，承运人可以按照规定加收票款。旅客不交付票款的，承运人可以拒绝运输。

（2）旅客有限量携带行李的义务。旅客在运输中应当按照约定的限量携带行李。超过限量携带行李的，应当办理托运手续。

（3）旅客有不随身携带或者在行李中夹带违禁物品的义务。旅客不得随身携带或者在行李中夹带易燃、易爆、有毒、有腐蚀性、有放射性以及有可能危及运输工具上人身和财产安全的危险物品或者其他违禁物品。旅客违反规定的，承运人可以将违禁物品卸下、销毁或者送交有关部门。旅客坚持携带或者夹带违禁物品的，承运人应当拒绝运输。另外，旅客随身携带或在行李中夹带违禁品的，还应承担相应行政责任，情节严重的，还须承担刑事责任。

2 承运人的义务

（1）承运人的告知义务。承运人应当向旅客及时告知有关不能正常运输的重要事由和安全运输应当注意的事项。所谓有关不能正常运输的重要事项，是指因承运人的原因或天气等原因使运输时间迟延，或运输合同所约定的车次取消等影响旅客按约定时间到达目的地的事项。所谓安全运输应当注意的事项，是指在运输中为保障旅客的人身、财产安全，需要提醒旅客注意的事项。

（2）承运人有按照客票载明的时间和班次运输旅客的义务。客票是证明旅客运输合同有效成立的书面凭证，客票上所载明的时间、班次是经承运人和旅客双方当事人意思表示一致，从而成为合同内容的重要组成部分，对此，双方均应按约定履行。承运人只有按客票载明的时间、班次运输，才属于全面、适当地履行了合同。对于承运人未按客票载明的时间和班次进行运输的，旅客有权要求安排改乘其他班次、变更运输路线以到达目的地或者退票。

（3）承运人在运输过程中的救助义务。承运人在运输过程中，应当尽力救助患有急病、分娩、遇险的旅客。如果

承运人对患有急病、分娩、遇险的旅客不予救助，因其不作为即可被要求承担民事责任。

（4）承运人的安全运送任务。运输合同生效后，承运人负有将旅客安全送达目的地的义务，即在运输中承运人应保证旅客的人身安全。对旅客在运输过程中的伤亡，承运人应承担损害赔偿责任。但伤亡是旅客自身健康原因造成的或者承运人证明伤亡是旅客故意、重大过失造成的除外。这种免责事由的规定，说明承运人应对旅客的人身伤亡承担无过错责任。承运人对旅客伤亡的赔偿责任及其免责事由的适用，不仅限于正常购票乘车的旅客，也适用于按照规定免票、持优待票或者经承运人许可搭乘的无票旅客。

除上述旅客外，对于无票乘车又未经承运人许可的人员的伤亡，因没有合法有效的合同关系存在，承运人不承担违约的赔偿责任。承运人负有安全运输旅客自带物品的义务。在运输过程中旅客自带物品毁损、灭失，承运人有过错的，应当承担损害赔偿责任。

3 承运人责任险

客运经营者要为旅客投保承运人责任险。承运人责任险是一种责任保险，主要是指对客运经营者在运输过程中发生交通事故或者其他意外事故，致使旅客遭受人身伤亡或直接经济损失，依法由被保险人对旅客承担的赔偿责任，由保险公司在保险责任限额内给予赔偿。

承运人责任险的保险责任范围包括旅客人身伤亡赔偿、旅客财产损失赔偿、相关的法律诉讼费用三部分。承运人责任险的被保险人为承运人，承运人责任险的投保人是合法从事道路客运服务的承运人，保险受益人是旅客。

保险标的是被保险人在运输过程中发生意外事故，致使旅客遭受人身伤亡和直接财产损失依法所应承担的民事责任。一旦因交通意外事故造成乘客人身和财产损失，保险公司代表承运人承担赔偿责任，起到了既能对乘客的人身伤害和财产损失进行赔偿，保障乘客权益，又能使承运人的责任风险得以转嫁的双重作用。

按照《道路旅客运输及客运站管理规定》的要求，客运经营者应当为旅客投保承运人责任险。客运车辆未为旅客投保承运人责任险，或未按最低投保限额投保，或投保的承运人责任险已过期，未继续投保的，均将由县级以上道路运输管理机构责令限期投保。拒不投保的，原许可机关将吊销其道路运输经营许可证或者吊销相应的经营范围。

第二节 旅客运输服务

教学目标：

熟知班车客运、包车（旅游）客运的服务要求。

一 班车客运服务要求

（1）班车客运驾驶人员应当随车携带道路运输证、道路客运班线经营许可证明、从业资格证等有关证件，在规定位置放置客运标志牌。

（2）准时将客车驶入指定站位，做好旅客上车准备，并与车站服务人员和乘务员做好配合。

（3）旅客上车后，配合站务人员或乘务员共同检查旅客的人数和行李的装载情况，以免发生漏乘或出现差错。

（4）进站或到站时，应按指定的位置或站位平稳停车，并协助车站人员或乘务员组织旅客上、下车。

（5）行驶途中，每隔2h左右休息一次，重新开车前须配合乘务员清点车上人数；客车驾驶员连续驾驶时间不得超过4h。

（6）发车前向旅客介绍本次班车的班次，沿途停靠站和终点站，发车时间和到达时间，紧急出口的位置等行车安全注意事项。

二 包车客运服务要求

（1）包车人包车一般应事先向运输经营者预约，并填写《汽车旅客运输包车预约书》，办理包车手续。

（2）包车人要求变更使用包车的时间、地点或取消包车，须在使用前办理变更手续。

（3）运输经营者要求变更车辆类型、约定时间或取消包车，事先与包车人协商，经同意后，方能变更。

（4）运输经营者在客运车辆包用期间，要服从包车人的合理安排，保证车辆正常使用。

（5）包车必须使用包车票、包车行车路单，不得使用其他票种。

三 旅游客运服务规范

（1）旅游客运须有固定的发车点

和游览点，旅游班车须按合理的线路行驶、停靠，并应保证乘客有足够的游览时间。

（2）旅游客运的发车站点应设置旅游区线路图、旅游名胜简介、公布旅游车型、导游服务项目、食宿地点和食宿标准。

（3）提供旅游综合服务的旅游客车上，应备有饮水、常用药等服务性物品，并根据实际情况，装配御寒或降温设备，随车配备导游人员。

（4）提供旅游综合服务的旅游客运使用旅游客票，按旅客要求发售直达旅游客票或往返旅游客票，如代办食宿和其他服务的款项单独列出，载入旅游客票票面一并计收。无旅游综合服务的旅游客运，可使用班车客票。

（5）提供旅游综合服务的旅游客运，退票须在开车前办理，退还原票款中运费部分，核收退票费，代办食宿和其他服务费用根据具体情况办理，对不予退还的，应在售票时公告。无旅游综合服务的旅游客运，退票按班车办理。旅客中途终止旅游的不予退票。

第三节 道路旅客运输车辆安全检视

教学目标：

1. 掌握客运车辆外观、发动机舱、驾驶室、车厢及发动机起动后的安全检视内容和方法；
2. 掌握行车中、收车后的车辆安全检视内容和方法。

一 出车前的安全检视

出车前的车辆安全检视内容和方法（发动机起动前）

检视部位	检视项目	检视内容和方法
车辆外部	风窗玻璃	检查风窗玻璃是否干净，有无裂痕，是否张贴了影响驾驶视线的异物
	车灯和反光器	绕车辆一周，检查车灯和反光器是否完好、干净，反光器是否牢固

续上表

检视部位	检视项目	检视内容和方法
车辆外部	外后视镜	检查外后视镜是否完好、干净、牢固
	燃油箱	检查燃油箱和油箱盖是否牢固、完好，并检查燃油箱是否有渗漏，油量是否充足
	行李舱门	检查行李舱门是否能自由开启，锁止是否牢固
	备胎	利用气压表检查备胎胎压是否符合要求，检查备胎、备胎架是否牢固
	号牌	检查车辆前后号牌是否干净、清晰，有无异物遮挡，是否牢固
	轮胎	利用气压表检查轮胎气压是否符合标准；利用轮胎深度尺检查轮胎花纹深度是否符合标准；检查轮胎表面有无鼓包、裂纹、割痕等，胎面有无夹石，轮胎气门嘴帽是否齐全；利用扳手检查轮胎各螺栓、螺母是否紧固，并检查有无缺少
	转向横直拉杆	利用扳手检查转向横直拉杆球头是否松旷，各部螺栓、螺母是否紧固
	前桥	检查前桥有无变形、裂纹
	车架	检查车架有无变形、纵横梁有无裂纹，利用扳手检查铆钉有无松动
发动机舱	蓄电池	检查蓄电池架是否牢固；检查蓄电池电解液是否清洁，液面高度是否符合规定，有无漏液；检查蓄电池电桩夹头是否清洁、牢固，有无腐蚀或松动
	润滑油	检查润滑油是否色清、无杂质；拔出润滑油尺擦拭干净，重新插入再拔出，检查润滑油油量是否充足，液面高度是否在润滑油尺刻度的上下限之间；检查发动机油底壳的接触面、油封、排放塞、润滑油滤清器是否漏油

续上表

检视部位	检视项目	检视内容和方法
发动机舱	冷却液	检查冷却液是否充足，液面高度是否在刻度的上下限之间；检查冷却液水箱、水管是否漏水
	风窗玻璃清洗液	检查风窗玻璃清洗液是否充足
	制动液及管路	检查制动液有无杂质，是否充足，液面高度是否在刻度的上下限之间；检查制动液管路有无渗漏
	风扇传动带	检查风扇传动带有无损伤，用手指按压传动带中部，检查风扇传动带松紧度是否适中
	高低压线路	检查高低压线路有无松脱
驾驶室及客车车厢	仪表及指示灯	检查仪表是否清洁，有无杂物；接通发动机电源，检查各仪表和指示灯显示是否正常
	转向盘	接通发动机电源，保持转向轮不动，向左或向右轻轻转动转向盘，检查转向盘自由转动量是否超过10°；如转向盘自由转动量过大，检查前轮毂轴承是否松动，球接头配合间隙是否过大，转向器内齿杆齿条的配合间隙是否过大
	驻车制动器操纵杆	接通发动机电源，检查驻车制动器操纵杆的移动量是否为3～5齿
	变速器操纵杆	接通发动机电源，检查变速器操纵杆换挡是否轻便、灵活，锁止是否可靠
	缓速器操纵装置	接通发动机电源，检查缓速器操纵装置是否能自由开启、换挡是否灵活、闭合是否牢固
	离合器踏板	检查离合器踏板的自由行程是否为30～40mm
	制动踏板	检查制动踏板的自由行程是否符合规定
	加速踏板	检查加速踏板的自由行程是否符合规定
	安全带	检查安全带是否损坏，是否能够牢固地插入锁扣

续上表

检视部位	检视项目	检视内容和方法
驾驶室及客车车厢	内后视镜	检查内后视镜是否干净，视野范围是否调整得当
	安全设施及装置	检查安全设施及装置，包括灭火器、警告标志牌、安全锤。检查车辆是否配备灭火器，配备的灭火器是否放置妥当，是否在有效期内；检查车辆是否配备警告标志牌，配备的警告标志牌是否放置妥当；检查车辆是否配备安全锤，配备的安全锤数量是否符合法规要求，安全锤是否放置在规定的位置
	行李架	检查行李架是否牢固、清洁
	车门	检查车门是否完好、有效，开启是否灵活，闭合是否牢固
	车内灯	检查车内灯是否完好、清洁；开启车内灯开关，检查车内灯是否有效
	应急门	检查应急门是否完好、有效，开启是否灵活，闭合是否牢固
	栏杆及扶手	检查栏杆及扶手是否完好、牢固，有无污渍
	座椅	检查座椅是否整齐、干净、完好
	地板	检查地板有无污渍，是否湿滑

出车前的车辆安全检视内容和方法（发动机起动后）

检视部位	检视项目	检视内容和方法
车辆外部	灯光及信号控制装置	打开各灯光及信号控制开关，绕车辆一周，检查各灯光及信号装置（包括近光灯、远光灯、示廓灯、前雾灯、后雾灯、转向灯、倒车灯、制动灯等）是否齐全、有效
发动机舱	发动机	检查发动机运转是否平稳，有无异响

续上表

检视部位	检视项目	检视内容和方法
驾驶室	各仪表及指示灯	检查各仪表及指示灯显示是否正常
	喇叭按钮	按动喇叭按钮，检查喇叭是否能正常发声，音量和音调是否稳定
	风窗玻璃刮水器及洗涤器	打开洗涤器控制开关，检查洗涤液能否正常喷出；打开风窗玻璃刮水器开关，检查刮水器叶片与风窗玻璃接触是否完好

二 行车中的安全检视

行车中的车辆安全检视内容和方法

检视项目	检视内容和方法
各部位油、液、气	绕车辆一周，检查各部位有无漏油、漏液、漏气
轮胎	检查轮胎表面有无破损、刮痕，有无夹石及异物，用气压表测量各轮胎气压是否符合规定，并检查轮胎温度是否过高
制动鼓及轮毂	检查制动鼓及轮毂的温度是否过高
前后悬架	利用扳手检查前后悬架与车身连接螺栓是否紧固，弹性元件有无裂纹、刮伤或变形，减振器有无漏油
转向横直拉杆及转向臂	利用扳手检查转向横直拉杆及转向臂各接头连接螺栓、螺母是否紧固
灯光及信号控制装置	打开各灯光及信号控制开关，绕车辆一周，检查各灯光及信号装置是否齐全、有效
后视镜	检查后视镜是否完好、干净，调整是否得当
备胎	检查备胎固定是否牢固
安全设施及装置	检查安全设施如灭火器、警告标志牌及安全锤是否存在、完好

注：行车中的车辆安全检视应在中途停车后进行。

三 收车后的安全检视

收车后的车辆安全检视内容和方法

检视项目	检视内容和方法
各部位油、液、气	绕车辆一周，检查各部位有无漏油、漏液、漏气
风扇传动带	打开发动机舱门，检查风扇传动带是否完好，有无磨损，并用手指按压传动带中部，检查风扇传动带的松紧度是否适中
轮胎	检查轮胎表面有无破损、刮痕，有无夹石及异物，用气压表测量各轮胎气压是否符合规定

第四章 道路货物运输知识

第一节 道路货物运输基础知识

教学目标：

1. 了解货物运输的分类与特点、甩挂运输特点及其要求、危险化学品的分类及常见危险化学品；
2. 掌握货物运输车辆类型与技术要求、运输基本环节与运输质量要求；
3. 熟知货运合同；
4. 了解保险与保价知识。

一 道路货物运输的定义

道路货物运输是指以载货汽车为主要运输工具，通过道路使货物产生空间位移的生产活动。

二 道路货物运输的分类

道路货物运输包括道路普通货物运输、道路货物专用运输、道路大型物件运输和道路危险货物运输。

1 道路普通货物运输

道路普通货物运输是指因货物本身的性质普通，在装卸、运送、保管过程中对运输车辆没有特殊要求的货物运输方式。普通货物分为三等：一等货物，多为价值较低的堆积货物，如砂石、土渣等；二等货物，多为一般的工农业产品和加工过的矿产品，如木材、水泥、钢筋、煤等；三等货物，多为价值较高的工业制品和普通鲜活物品，如橡胶制品、医疗器具、水产品等。

2 道路货物专用运输

道路货物专用运输包括集装箱运

输、冷藏保鲜货物运输、罐式容器专用运输。集装箱运输，是指汽车承运载货集装箱或空载集装箱的运输。冷藏保鲜货物运输，是指使用保温、冷藏专用运输车辆，运送对温度有特别要求的货物运输。罐式容器专用运输，是指使用与运输货物相适应的专用容器的运输车辆，运送无包装的液体货物或颗粒状、粉末状加固货物的运输。

3 道路大型物件运输

道路大型物件运输是指汽车运载具有超长、超高、超宽或质量超重等特点的大型物件的运输方式。

4 道路危险货物运输

道路危险货物运输是指使用专用车辆，通过道路运输危险货物的作业全过程。

三 道路货物运输的特点

1 适应性强

货运汽车种类繁多，各自具有不同的性能和适用范围，不仅能够很好地承担其他各种运输方式所不能承担或不能很好承担的一些货运任务，可实现“门到门”的运输。

2 机动灵活

货运汽车单位载质量相对小，因而在货物运输中可以承担批量较小的货运任务，又能通过集结车辆承担批量较大的货运任务，并能实现较高的运输效率和经济效益。

3 快速直达

道路运输比铁路、水路运输环节少，易于组织直达运输。近年来，随着我国高等级道路建设的迅猛发展，在一定运距范围内，道路货运快速送达的优点十分突出。

4 方便

由于汽车运输具有适应性强、机动灵活、快速运达等特点，使得货物承运既可以在固定的站场、港口、码头装卸，又可以在街头巷尾、农贸市场、乡镇村庄等处就地装卸，实现“门到门”直达运输。因而在很多情况下比其他运输方式更为方便，能更好地满足用户需要。

5 经济

从各种运输方式的修建投资效果看，道路修建比铁路运输和航空运输投资少，周期较短；从各种运输方式的运送效果看，由于公路网密度大，加上道路运输适应性强，机动灵活，对汽车货运选择最佳线路提供了便利条件，因而可以在一定的经济区域内相应地缩短货物运输距离，降低商品周转费用，加速资金流动，增加货物流动的时间价值，并相应节约了运力和能源，能够获得良好的社会效益和经济效益。

四 甩挂运输特点及其要求

甩挂运输就是带有动力的机动车将随车拖带的承载装置，包括半挂车、全挂车甚至货车底盘上的货箱甩留在目的地后，再拖带其他装满货物的装置返回原地，或者驶向新的地点。这种一辆带有动力的主车，连续拖带两个以上承载装置的运输方式被称为甩挂运输。

1 甩挂运输特点

（1）甩挂运输增加了牵引车的有效运行时间提高了单车利用率，提高了车辆运输产率。

（2）完成同等运输量，可以减少牵引车的数量，降低牵引车的购置费用和运行费用，同时减少了车辆对道路的占用，减轻了交通压力，降低能源消耗，减少汽车排放污染。

（3）企业可以尽可能减少雇佣驾驶员的数量，节约相应支出。

（4）可以促进汽车运输与铁路运输、水路运输多式联运的发展，实现以汽车甩挂运输为基础的铁路驮背运输、水运滚装等方式的联合运输，充分发挥各种运输方式的技术经济优势，减少货物装卸作业，提高铁路车辆和轮船的装卸效率。

（5）合理协调货物运输与装卸作业时间，提高运输效率。

（6）可以促进物流配送中心和货物站场物流节点的建设与发展促进汽运行业实脱网络化经营，不断提高物流服务能力与水平。

2 甩挂运输组织要求

（1）牵引车与挂车的组合不受地区、企业、号牌不同的限制，但牵引车的准牵引总质量应与挂车的总质量相匹配。

（2）牵引车与挂车之间的电缆连接器、气制动连接装置、ABS系统形式及接口应符合规定且相匹配。挂接后，检查灯光信号、制动系统工作是否正常，检查牵引车与挂车之间的匹配高度、回转间隙是否符合要求。

（3）组织甩挂运输应有周密的运行作业计划，最好绘制牵引车运行图，并加强对甩挂运输的调度工作。

（4）在运行和装卸作业中，在机件设备、驾驶操作、甩挂作业等方面都必须严格按规范操作，遵守现场的监督和指挥。

五 危险化学品的分类及常见危险化学品

依据国家标准《危险货物品名表》（GB 12268）和《危险货物分类和品名编号》（GB 6944），按危险货物具有的危险性或最主要的危险性，将危险化学品分为爆炸品、气体、易燃液体、易燃固体、氧化物质、毒性物质、放射性物质、腐蚀性物质和杂类九类。

1 爆炸品

爆炸品是指在外界作用下（如受热、撞击等），能发生剧烈的化学反应，瞬时产生大量的气体和热量，使周围压力急剧上升，发生爆炸，对周围的环境造成破坏的物品，如火药、炸药、起爆药、雷管、引信、弹药、烟花爆竹等。主要危险是爆炸性。

2 气体

根据气体的性质可将气体分为易燃气体、非易燃无毒气体和毒性气体三类:

（1）易燃气体，是指在常压下遇明火、高温即会发生燃烧或爆炸，燃烧时其蒸气对人畜有一定的刺激毒害作用的气体，如氢、一氧化碳、乙炔、氯甲烷等。主要危险是易燃、爆炸。

（2）非易燃无毒气体，是指温度在20℃以下，压力不低于280kPa情况下运输的气体或深冷液化气体，如液化石油气、压缩天然气、氧气等。主要危险是爆炸。

（3）毒性气体，是指其毒性或腐蚀性会危害人体健康的气体，如液氯、催泪瓦斯等。主要危险是有毒。

为了便于储运和使用，常常将气体高压压缩充装于钢瓶内，由于各种气体的性质不同，有的呈气态，有的呈液态，前者称为压缩气体，后者称为液化气体。

3 易燃液体

易燃液体是指在其闪点温度时，放出易燃蒸气的液体或液体混合物，或是在溶液或悬浮液中含有固体的液体，如汽油、柴油、煤油、乙醇、二氧化硫、各种涂料等。主要危险是其挥发性蒸气导致燃烧和爆炸，甚至可通过皮肤、消化道和呼吸道进入人体，导致腐蚀、中毒的后果。

4 易燃固体、易于自燃的物质、遇水放出易燃气体的物质

（1）易燃固体是指燃点低，对热、撞击、摩擦敏感，易被外部火源点燃，燃烧迅速，并可能散发出有毒烟雾或有毒气体的固体物质，如硫黄、火柴等。主要危险是易燃性和爆炸性。

（2）易于自燃的物质是指自燃点低，在空气中易于发生氧化反应，放出热量而自行燃烧的物品，如黄磷、镁、油纸等。主要危险是易燃性和爆炸性。

（3）遇水放出易燃气体的物质是指遇水或受潮时，发生剧烈化学反应，放出大量的易燃气体和热量的物品，如电石、钠等。主要危险是易燃性、腐蚀性、毒害性和爆炸性。

5 氧化性物质和有机过氧化物

（1）氧化性物质是指自身不一定可燃，但可以放出氧气而有助于其他物质燃烧的物质，如硝酸钾、氯酸钾等，如过氧化氢（双氧水）、过氧化钠、次氯酸钙、氯酸钾、硝酸钾等。主要危险是氧化性、

助燃性、爆炸性、毒害性和腐蚀性。

（2）有机过氧化物是指含有过氧基的有机物，其本身易燃易爆，极易分解，对热、振动或摩擦较敏感的物质，如过氧化二苯甲酰、过氧化乙基甲基酮等。主要危险是氧化性、助燃性、爆炸性、毒害性和腐蚀性。

6 毒性物质和感染性物质

（1）毒性物质是指经吞食、吸入或皮肤接触后可能造成死亡或严重受伤或健康损害的物质，如砒霜、杀虫剂、苯胺、四氯化碳、煤焦沥青、氰化物、生漆及各种农药等。主要危险是毒性、腐蚀性和易燃性。

（2）感染性物质是指含有病原体，能引起病态，甚至死亡的物质，如病菌、病毒等。主要危险是传染疾病，危害健康。

7 放射性物质

放射性物质是指能够自发地、不断地向周围放出穿透力很强、而人的感觉器官不能察觉的射线的物质，如镭、钍、硼等。主要危险是辐射污染，最终使人员受到辐射伤害，能使人患放射性病，甚至死亡。

8 腐蚀性物质

腐蚀性物质是指接触生物组织时通过化学作用使其严重损伤，或在渗漏时会严重损害甚至毁坏其他货物或运载工具的物质，如酸性物品（硫酸、硝酸、盐酸、冰醋酸）、碱性物品（氢氧化钠、碳酸钠）、甲醛等。主要危险是腐蚀性、毒性、易燃性或氧化性。

9 杂项危险物质和物品

杂项危险物质和物品是指不属于上述八类危险性物质，但具有磁性、麻醉、毒害或其他类似性质，能使人情绪烦躁或不适以致影响行车和飞行安全的物品，如永久磁铁、干冰、榴莲、大蒜油等。

六 货物运输车辆类型与技术要求

货物运输车辆是指设计和技术特性上主要用于载运货物或牵引挂车的汽车，包括以载运货物为主要目的的专用汽车。

1 货车类型

货物的分类和概念

分类依据	分　类	概　念
结构	（1）普通货车	载货部位的结构为栏板的载货汽车，不包括具有自动倾卸装置的载货汽车
	（2）厢式货车	载货部位的结构为封闭厢体且与驾驶室各自独立的载货汽车

续上表

分类依据	分　类	概　念
结构	（3）封闭货车	载货部位的结构为封闭厢体且与驾驶室联成一体，车身结构为一厢式的载货汽车
	（4）罐式货车	载货部位的结构为封闭罐体的载货汽车
	（5）平板货车	载货部位的地板为平板结构且无栏板的载货汽车
	（6）集装箱车	载货部位为框架结构且无地板，专门运输集装箱的载货汽车
	（7）自卸货车	载货部位具有自动倾卸装置的载货汽车
	（8）半挂牵引车	不具有载货结构、专门用于牵引半挂车的汽车
	（9）汽车列车	由一辆汽车与一辆或多辆挂车组成的机动车
总质量	（1）轻型载货汽车	总质量不超过4500kg的载货车辆
	（2）中型载货汽车	总质量大于等于4500kg且小于12000kg的载货车辆
	（3）重型载货汽车	总质量大于等于12000kg的载货车辆

② 挂车类型

挂车的分类和概念

分类依据	分　类	概　念
总质量	（1）轻型挂车	总质量不超过4500kg的挂车
	（2）中型挂车	总质量大于等于4500kg且小于12000kg的挂车
	（3）重型挂车	总质量大于等于12000kg的挂车

③ 货车技术要求

车辆技术性能应当符合国家标准《营运车辆综合性能要求和检验方法》（GB 18565）的要求。车辆外廓尺寸、轴荷和载质量应当符合国家标准《道路车辆外廓尺寸、轴荷及质量限值》（GB 1589）的要求。

（1）从事冷藏保鲜、罐式容器等专用运输的，具有与运输货物相适应的车辆，专用容器、设备、设施应当加固在专用车辆上。

（2）从事集装箱运输的，具有与运输集装箱相适应的车辆，车辆还应当有加固集装箱的转锁装置。

（3）从事大型物件运输经营的，具有与所运输大型物件相适应的超重型车组；超重型车组是指运输长度在14m以上或宽度在3.5m以上或高度在3m以上的货物

的车辆，或者运输质量在20t以上的单体货物或不可解体的成组（捆）货物的车辆。

七 运输基本环节

道路货物运输基本环节包括运输合同的订立、货物托运、货物受理、货物搬运装卸、货物的交接等环节。

八 运输质量要求

出车前、行车中、停车后，均应注意车辆运行状况，对车辆进行安全检视，确保车辆技术状况良好。

运输过程中，严格遵守法律、法规和有关规定，按照安全操作规程操作，平稳驾驶，不超速行驶，遇转弯、路况较差的路面时，减速慢行，避免颠簸，以免造成货物损坏。

运输途中，经常检查货物捆扎、堆垛、偏载情况，防止货物丢失。需要饲养、照料的动物、植物，尖端精密产品、稀有珍贵物品、文物、军械弹药、有价证券、重要票证和货币等，托运人必须派人押运。大型及特型笨重物件、贵重和个人搬家物品，是否派人押运，由承运双方根据实际情况约定。托运人要求押运时，需经承运人同意。

需派人押运的货物，托运人在办理货物托运手续时，在运单上注明押运人员姓名及必要的情况。押运人员每车一人，托运人需增派押运人员，在符合安全规定的前提下，征得承运人的同意，可适当增加。押运人员须遵守运输和安全规定。押运人员在运输过程中负责货物的照料、保管和交接；如发现货物出现异常情况，及时作出处理并告知车辆驾驶人员。

九 货物运输合同

货物运输合同，即通常所说的货运合同，是委托人将需要运送的货物交给承运人，由承运人按委托人的要求将货物运送到指定地点交付给委托人或者收货人，并由委托人或收货人支付运费的合同。

1 合同订立的形式和内容规范

（1）货物运输合同应当以书面形式明确各自的权利义务，国家有统一的货物运输合同文本的，应使用统一的合同文本签订，避免出现被欺诈。

（2）双方当事人商定合同的条款内容须具体、全面，才能避免因约定不明或无约定而出现不必要的麻烦。

2 承运人注意的事项

（1）承运人承运货物时，应对托运人填交的托运单进行查核，并有权在必要时会同托运人开箱进行安全检查。

（2）承运人应按照货运单上填明的地点，按约定的期限将货物运达到货地点。货物错运到货地点，应无偿运至货运单上规定的到货地点，如逾期运到，

应承担逾期运到的责任。

（3）承运人应按照通常的或者约定的路线将货物运送至约定的地点。通常的运输路线一般是指班列或者班轮运输，有固定的航次、班次、时间，固定的到达地，托运人随时可以办理运输手续。

（4）承运人应于货物运达到货地点后24h内向收货人发出到货通知。

（5）承运人应按照货运单交付货物。交付时，发现货物灭失、短少、变质、污染、损坏时，应会同收货人查明情况，并填写货运事故记录。

（6）货物从发出提货通知的次日起，经过30日无人提取时，承运人应及时与托运人联系征求处理意见；再经过30日，仍无人提取或托运人未提出处理意见，承运人有权将该货物作为无法交付货物，按运输规则处理。对易腐或不易保管的货物，承运人可视情况及时处理。

（7）承运人应采取切实有效的措施，保证货物在运输中的安全，完整、完好地将货物交付给收货人。保证货物运输的安全，防止事故和损失的发生。

（8）从事公共运输的承运人不得拒绝托运人通常、合理的运输要求。

3 承运方的权利与义务

（1）承运方的权利：向托运方、收货方收取运杂费用。如果收货方不交或不按时交纳规定的各种运杂费用，承运方对其货物有扣压权。查不到收货人或收货人拒绝提取货物，承运方应及时与托运方联系，在规定期限内负责保管并有权收取保管费用，对于超过规定期限仍无法交付的货物，承运方有权按有关规定予以处理。

（2）承运方的义务：在合同规定的期限内，将货物运到指定的地点，按时向收货人发出货物到达的通知。对托运的货物要负责安全，保证货物无短缺，无损坏，无人为的变质，如有上述问题，应承担赔偿义务。在货物到达以后，按规定的期限，负责保管。

4 收货人的权利与义务

（1）收货人的权利：在货物运到指定地点后有以凭证领取货物的权利。必要时，收货人有权向到站，或中途货物所在站提出变更到站或变更收货人的要求，签订变更协议。

（2）收货人的义务：在接到提货通知后，按时提取货物，缴清应付费用。超过规定时间提货时，应向承运人交付保管费。

十 货物保险与保价

货物运输有货物保险和货物保价运输两种投保方式，采取自愿投保的原则，由托运人自行确定。

货物保险由托运人向保险公司投

保，也可以委托承运人代办。货物保价运输是按保价货物办理承托运手续，在发生货物赔偿时，按托运人声明价格及货物损坏程度予以赔偿的货物运输。托运人一张运单托运的货物只能统一一次性选择保价或不保价。

托运人选择货物保价运输时，申报的货物价值不得超过货物本身的实际价值；保价运输为全程保价。分程运输或多个承运人承担运输，保价费由第一程承运人（货运代办人）与后程承运人协商，并在运输合同注明。承运人之间没有协议的按无保价运输办理，各自承担责任。

第二节 普通货物运输

教学目标：

1. 了解普通货物运输组织形式、特点及要求；
2. 熟知零担货物运输与整车货物运输要求。

普通货物运输是指对运输、装卸、保管无特殊要求的普通货物进行的运输。按照货物批量，普通货运可分为整车货物运输和零担货物运输。

一 整车货物运输

托运人一次托运货物计费质量在3t以上或不足3t，但货物性质、体积、形状需要由核定载质量在3t以上的车辆运输的，称为整车货物运输。此外，因托运人要求或者受道路、装卸条件限制，承运人安排核定载质量在3t以下的车辆一次运送货物的，也可视为整车货物运输。整车货物运输适宜批量大的普通货物“门到门”的运输，具有简单、安全、单位运输成本低的特点。

二 零担货物运输

托运人一次托运质量不足3t货物的运输称为零担货物运输，装运零担货物的车辆称为零担车。

1 零担货物运输的特点

（1）零担货物运输运量零星、流向分散、批量较多、品种杂，加之零担货物性能比较复杂，件包装类货物居多，包装质量也各不相同，有时几批甚至几十批货

物才能配装成一辆零担车装运，因此，零担货运是一项比较细致和复杂的运输。

（2）零担货运具有安全、快速、方便、价廉、服务周到、运送方法多样的特点，但其计划性较差、组货渠道杂、单位运输成本比较高。

2 零担货物运输的要求

（1）一般不予办理零担货物运输的货物有：国家明令规定的禁运、限运的货物，如危险货物、易破损、易污染、易腐烂及鲜活物品等。

（2）按件托运的零担货物，单件体积一般不小于0.01m^3，不大于1.5m^3；单件质量一般不超过200kg；货物的长、宽、高度分别不超过3.5m、1.5m和1.3m。

3 零担货物运输的组织

（1）直达零担班车运输是将起运站各个托运人所托运的货物运送到同一站，且性质适宜配装的各种零担货物，同车装运至到达站的运输形式。其特点是：送达速度快，避免了中转换装作业，减少了中转费用和换装破损，尤其适用于季节性商品和贵重商品的运输。

（2）沿途零担班车运输是在同一线路沿线收发零担货物的运输，其特点是货运量零星、流向分散，但服务面广、适应性强，常用于城乡之间的零担货物运输。

（3）零担货物配载应充分利用车厢空间和装载负荷巧配满载，并严格执行有关货物混装限制的规定；做到配载货物的品名、件数及到站与随车同行的零担货物运单和交接清单内容一致，货物实际质量不超过承运车辆的核定吨位。

第三节 专用运输与大型物件运输

教学目标：

1. 了解集装箱、冷藏保鲜货物、罐式容器运输的特点及要求；
2. 了解大型物件运输特点及要求；
3. 熟知道路超限运输相关知识。

道路货物专用运输包括集装箱、冷藏保鲜货物、罐式容器运输。

一 集装箱运输

集装箱运输是将需运输的货物在出

发地点就组成具有一定标准体积和质量的集装单元，保证货物在整个运输过程中不致损失，便于机械化装卸、搬运的一种货物运输形式。

集装箱运输节省货物包装，减少货损货差，便于机械化装卸，具有显著的技术经济效果。特别是“门对门”的运输更可以达到高速、高效、安全、优质、经济的目的。

二 冷藏保鲜货物运输

冷藏保鲜货物运输，是指在运输过程中保持一定的温度或者恒温，确保货物保鲜和防腐烂。鲜活货物是指在运输过程中，需采取保鲜活措施，并按要求在限定运输期限内运抵的货物，分为易腐货物和活动物两大类。鲜活货物运输需有人随车押运照料。冷冻货物一般都储存在冷库，运输途中需要保持低温。装载冷冻货物，要采取紧密堆码，不留空隙，以减少货物与外界的热量传递，保持冷冻效果，但某些易碎的冷冻货物（如鱼、虾），应防止过分紧压，以免损伤货物，影响品质。易腐货物是指必须保持一定温度，以防止腐坏、变质的货物。新鲜货物季节性强，货流波动幅度大。

三 罐式容器专用运输

罐式容器专门车是用来装运散装的液状、粉状、粒状、气体等具有一定流动性的货物，如水泥、粮食、液体化学品等。

1 运输特点

（1）装卸运输效率高。罐式容器是一个特殊的集装容器，便于机械化装卸，装卸时间短，提高了车辆周转速度。

（2）保证货运品质。罐式容器是一个密闭的容器，密封在罐内的货物几乎不受外界影响，在运输过程中能受到较好的保护，不易变质、污染、漏失。

（3）利于运输安全。由于罐体密封，在装运易燃、易爆、有害或腐蚀性货物时，可以大大减少意外事故，保证安全运输和装卸。

（4）改善装卸条件，减轻劳动强度。罐式容器装卸货物大多采用机械化输送设备，装卸效率高，同时减轻了工人的劳动强度，特别是减轻了粉尘、毒害物品的污染，保证了工人的健康。

（5）节约包装材料，降低运输成本。罐式容器专用运输装运的大多数是散装货物，省去了货物部分包装，提高了装载质量，节省了大量包装材料，降低了运输成本。

2 装卸和运输要求

罐式容器专用车辆装载前，要检查有关设备是否齐全，运行正常。灌装时必须留有足够的膨胀余量，以便能经受在正常运输条件下产生的内部压力。

罐装密度大的液体时，液体质量可能会超过该车型车辆规定的总质量限值。装卸被隔板分割成若干个小的独立罐体的罐车时，要特别注意质量的均匀分布，不要在车辆的前部或者后部罐体放置质量过重。装载完毕后，及时关好阀门。驾驶罐式容器专用车辆，需要具有预见性，避免颠簸，尤其是运载液体货物时，要控制车速、平缓制动，缓慢通过弯道。

四 大型物件运输

大型物件运输是指长、宽、高、载质量都超出一定标准的货物运输，包括单体货物、不可解体组合件、捆扎货物。大型物件的装卸和运输都有特殊的要求。

（1）承运人应根据大型物件的外形尺寸和车货质量，在起运前会同托运人勘察作业现场和运行路线，了解沿途道路线形和桥涵通过能力，并制订运输组织方案和应急措施。涉及其他部门的事先向有关部门申报并征得同意，方可起运。要随时勘察运行路线是否能通过。

（2）跨省（自治区、直辖市）行政区域进行超限运输的，由途经公路沿线省级公路管理机构分别负责审批。跨地（市）行政区域进行超限运输的，由省级公路管理机构负责审批。

（3）运输大型物件，要遵守有关部门核定的路线行车；运送货物之前，对承运路线的道路和桥梁的宽度、弯道半径、承载能力以及其他车辆的流通情况，进行充分的调查研究，并请公路及有关部门在沿途和现场作技术指导，必要时还要对桥梁加固，以确保安全运行。

（4）对于超高、长大、笨重货物，为确保安全通行，运输时需由托运人配备电工，携带应用材料、工具随车护送，必要时还需请有关部门协同在前引道开路，以便排除障碍，顺利通行和提示过往车辆注意。因运输大型物件发生的道路改造、桥涵加固、清障、护送、装卸等费用，一般由托运人负担。

（5）运输中要悬挂明显的标志，以引起其他车辆和行人的注意；标志要悬挂在货物超限的末端，白天行车时，悬挂标志旗；夜晚行车和停车休息时悬挂、装设标志灯。

（6）驾驶员要集中精力，谨慎驾驶，密切注意运行情况，利用灯光、喇叭、广播等配合运输。

五 道路超限运输

超限运输是被运输的设备、构件或货物，其外形尺寸、高度、长度、质量

超过了公路建筑规定的长度、宽度、高度的限界或总负载超过公路、公路构造物的限载标准。

1 超限运输的申请与审批

车辆载运不可解体物品，车货总体的外廓尺寸或者总质量超过公路、公路桥梁、公路隧道的限载、限高、限宽、限长标准，确需在公路、公路桥梁、公路隧道行驶时，从事运输的单位和个人应提前向公路管理机构申请公路超限运输许可。申请公路超限运输许可按照下列规定办理：

（1）跨省、自治区、直辖市进行超限运输的，向公路沿线各省、自治区、直辖市公路管理机构提出申请，由起运地省、自治区、直辖市公路管理机构统一受理，并协调公路沿线各省、自治区、直辖市公路管理机构对超限运输申请进行审批，必要时可以由国务院交通运输主管部门统一协调处理。

（2）在省、自治区范围内跨设区的市进行超限运输，或者在直辖市范围内跨区、县进行超限运输的，向省、自治区、直辖市公路管理机构提出申请，由省、自治区、直辖市公路管理机构受理并审批。

（3）在设区的市范围内跨区、县进行超限运输的，向设区的市公路管理机构提出申请，由设区的市公路管理机构受理并审批。

（4）在区、县范围内进行超限运输的，向区、县公路管理机构提出申请，由区、县公路管理机构受理并审批。

运输不可解体物品需要改装车辆的，由具有相应资质的车辆生产企业按照规定的车型和技术参数进行改装。

2 超限运输车辆通行管理

经批准进行超限运输的车辆，随车携带超限运输车辆通行证，按照指定的时间、路线和速度行驶，并悬挂明显标志。禁止租借、转让超限运输车辆通行证。禁止使用伪造、变造的超限运输车辆通行证。

超过公路、公路桥梁、公路隧道限载、限高、限宽、限长标准的车辆，不得在公路、公路桥梁或者公路隧道行驶。超过汽车渡船限载、限高、限宽、限长标准的车辆，不得使用汽车渡船。

车辆要按照超限检测指示标志或者公路管理机构监督检查人员的指挥接受超限检测，不得故意堵塞固定超限检测站点通行车道、强行通过固定超限检测站点或者以其他方式扰乱超限检测秩序，不得采取短途驳载等方式逃避超限检测。

第四节 道路货物运输车辆安全检视

教学目标：

1. 掌握货运车辆外观、发动机舱、驾驶室内部及发动机起动后的安全检视内容和方法；
2. 掌握行车中、收车后的车辆安全检视内容和方法。

一 出车前的安全检视

出车前的车辆安全检视内容和方法（发动机起动前）

检视部位	检视项目	检视内容和方法
车辆外部	风窗玻璃	检查风窗玻璃是否干净，有无裂痕，是否张贴了影响驾驶视线的异物
	车灯和反光器	绕车辆一周，检查车灯和反光器是否完好、干净，反光器是否牢固
	外后视镜	检查外后视镜是否完好、干净、牢固
	燃油箱	检查燃油箱和油箱盖是否牢固、完好，并检查燃油箱是否有渗漏，油量是否充足
	备胎	利用气压表检查备胎胎压是否符合要求，检查备胎、备胎架是否牢固
	号牌	检查车辆前后号牌是否干净、清晰，有无异物遮挡，是否牢固
	轮胎	利用气压表检查轮胎气压是否符合标准；利用轮胎深度尺检查轮胎花纹深度是否符合标准；检查轮胎表面有无鼓包、裂纹、割痕等，胎面有无夹石，轮胎气门嘴帽是否齐全；利用扳手检查轮胎各螺栓、螺母是否紧固，并检查有无缺少

续上表

检视部位	检视项目	检视内容和方法
车辆外部	转向横直拉杆	利用扳手检查转向横直拉杆球头是否松旷，各部螺栓、螺母是否紧固
	前桥	检查前桥有无变形、裂纹
	后桥	检查后桥有无变形、裂纹
	钢板弹簧	利用扳手检查钢板弹簧有无断裂、错位、缺片，挠度是否正常
	U型螺栓	利用扳手检查U型螺栓是否齐全，有无松动
	传动轴螺栓	利用扳手检查传动轴各连接螺栓是否齐全，有无松动
	万向节	利用扳手检查万向节是否松旷，有无裂纹
	车架	检查车架有无变形、纵横梁有无裂纹，利用扳手检查铆钉有无松动
	储气筒	检查储气筒是否完好，有无漏气。起动发动机，中速运转数分钟，查看气压表值是否在正常范围，检查储气筒内是否有压缩空气，如气压表指针为“0”，查看储气筒放水开关是否完好
	制动管路	检查制动管路是否有裂纹、老化及磨损，有无渗漏
	驾驶室翻转机构	开启拉杆，检查驾驶室翻转机构是否能灵活翻转，锁止是否可靠
	车厢栏板	检查车厢侧栏板和后栏板是否完好、牢固，并打开、闭合后栏板，检查后栏板挂钩是否牢靠
	侧防护装置	对于总质量大于3500kg的货车和挂车，检查两侧有无侧防护装置，侧防护装置是否牢固，有无破损。本身结构已能防止行人和骑车人等卷入的货车和挂车除外

续上表

检视部位	检视项目	检视内容和方法
车辆外部	后防护装置	除牵引车和长货挂车以外的货车和挂车，空载状态下其车身或无车身底盘总成的后端离地间隙大于700mm的，检查有无后防护装置，后防护装置是否牢固，有无破损
	牵引车与挂车连接装置	检查牵引车与挂车连接装置是否坚固耐用，牵引车与挂车连接装置的结构是否能确保相互连接牢固，连接装置的安全装置是否完好、有效
发动机舱	蓄电池	检查蓄电池架是否牢固；检查蓄电池电解液是否清洁,液面高度是否符合规定，有无漏液；检查蓄电池电桩夹头是否清洁、牢固，有无腐蚀或松动
	润滑油	检查润滑油是否色清、无杂质；拔出润滑油尺擦拭干净，重新插入再拔出，检查润滑油油量是否充足，液面高度是否在润滑油尺刻度的上下限之间；检查发动机油底壳的接触面、油封、排放塞、润滑油滤清器是否漏油
	冷却液	检查冷却液是否充足，液面高度是否在刻度的上下限之间；检查冷却液水箱、水管是否漏水
	风窗玻璃清洗液	检查风窗玻璃清洗液是否充足
	制动液及管路	检查制动液有无杂质，是否充足，液面高度是否在刻度的上下限之间；检查制动液管路有无渗漏
	风扇传动带	检查风扇传动带有无损伤，用手指按压传动带中部，检查风扇传动带松紧度是否适中
	高低压线路	检查高低压线路有无松脱
驾驶室内部	仪表及指示灯	检查仪表是否清洁，有无杂物；接通发动机电源，检查各仪表和指示灯显示是否正常

续上表

检视部位	检视项目	检视内容和方法
驾驶室内部	转向盘	接通发动机电源，保持转向轮不动，向左或向右轻轻转动转向盘，检查转向盘自由转动量是否超过10°；如转向盘自由转动量过大，检查前轮毂轴承是否松动，球接头配合间隙是否过大，转向器内齿杆齿条的配合间隙是否过大
	驻车制动器操纵杆	接通发动机电源，检查驻车制动器操纵杆的移动量是否为3～5齿
	变速器操纵杆	接通发动机电源，检查变速器操纵杆换挡是否轻便、灵活，锁止是否可靠
	缓速器操纵装置	接通发动机电源，检查缓速器操纵装置是否能自由开启、换挡是否灵活、闭合是否牢固
	离合器踏板	检查离合器踏板的自由行程是否为30～40mm
	制动踏板	检查制动踏板的自由行程是否符合规定
	加速踏板	检查加速踏板的自由行程是否符合规定
	安全带	检查安全带是否损坏，是否能够牢固地插入锁扣
	内后视镜	检查内后视镜是否干净，视野范围是否调整得当
	安全设施及装置	检查安全设施及装置，包括灭火器、警告标志牌。检查车辆是否配备灭火器，配备的灭火器是否放置妥当，是否在有效期内；检查车辆是否配备警告标志牌，配备的警告标志牌是否放置妥当
	车门	检查车门是否完好、有效，开启是否灵活，闭合是否牢固
	车内灯	检查车内灯是否完好、清洁；开启车内灯开关，检查车内灯是否有效

出车前的车辆安全检视内容和方法（发动机起动后）

检视部位	检视项目	检视内容和方法
车辆外部	灯光及信号控制装置	打开各灯光及信号控制开关，绕车辆一周，检查各灯光及信号装置（包括近光灯、远光灯、示廓灯、前雾灯、后雾灯、转向灯、倒车灯、制动灯等）是否齐全、有效
发动机舱	发动机	检查发动机运转是否平稳，有无异响
驾驶室内部	各仪表及指示灯	检查各仪表及指示灯显示是否正常
	喇叭按钮	按动喇叭按钮，检查喇叭是否能正常发声，音量和音调是否稳定
	风窗玻璃刮水器及洗涤器	打开洗涤器控制开关，检查洗涤液能否正常喷出；打开风窗玻璃刮水器开关，检查刮水器叶片与风窗玻璃接触是否完好

二 行车中的安全检视

行车中的车辆安全检视内容和方法

检视项目	检视内容和方法
各部位油、液、气	绕车辆一周，检查各部位有无漏油、漏液、漏气
轮胎	检查轮胎表面有无破损、刮痕，有无夹石及异物，用气压表测量各轮胎气压是否符合规定，并检查轮胎温度是否过高
制动鼓及轮毂	检查制动鼓及轮毂的温度是否过高
前后悬架	利用扳手检查前后悬架与车身连接螺栓是否紧固，弹性元件有无裂纹、刮伤或变形，减振器有无漏油

续上表

检视项目	检视内容和方法
转向横直拉杆及转向臂	利用扳手检查转向横直拉杆及转向臂各接头连接螺栓、螺母是否紧固
钢板弹簧	检查钢板弹簧有无断裂、位移、缺片
U型螺栓	利用扳手检查U型螺栓是否紧固
传动轴	检查传动轴有无泄漏和裂纹，传动轴螺栓是否齐全、紧固
灯光及信号控制装置	打开各灯光及信号控制开关，绕车辆一周，检查各灯光及信号装置是否齐全、有效
后视镜	检查后视镜是否完好、干净，调整是否得当
备胎	检查备胎固定是否牢固
安全设施及装置	检查安全设施如灭火器、警告标志牌是否存在、完好

注：行车中的车辆安全检视应在中途停车后进行。

三 收车后的安全检视

收车后的车辆安全检视内容和方法

检视项目	检视内容和方法
各部位油、液、气	绕车辆一周，检查各部位有无漏油、漏液、漏气
风扇传动带	打开发动机舱门，检查风扇传动带是否完好，有无磨损，并用手指按压传动带中部，检查风扇传动带的松紧度是否适中
轮胎	检查轮胎表面有无破损、刮痕，有无夹石及异物，用气压表测量各轮胎气压是否符合规定

第五节 轮胎更换

教学目标：

掌握车辆轮胎的拆卸、安装及千斤顶的使用方法。

轮胎更换的步骤及要求如下（以后轮外侧轮胎更换为例）：

（1）在车辆后方50～100m处放置警告标志牌。

（2）使用气压表检测后轮外侧轮胎的气压，读出气压值。

（3）在其余轮胎下加止动块，以防止车辆溜动。

（4）使用专用工具拆卸备胎，并使用气压表检测备胎的气压，读出气压值。

（5）使用套筒扳手按对角顺序旋松后轮胎螺母。

（6）使用千斤顶在后桥规定的位置将车身顶起，使后轮离开地面2～3cm。

（7）使用套筒扳手按顺序卸下后轮胎螺母，将轮胎卸下。操作时可使用撬棒进行辅助操作。

（8）安装备胎。安装备胎时，应使两轮轮辋通风口对准，两胎气门嘴应对称排列，要求按180° 分开。

（9）使用套筒扳手预紧固后轮胎螺母。后轮胎螺母的预紧固应按对角顺序进行，并要求螺母的锥形端面必须与螺栓口的锥形端面紧密结合。

（10）放下千斤顶，使后轮胎着地。

（11）使用套筒扳手按顺序逐一将后轮胎螺母再紧固一遍，要求旋紧力矩达到规定数值。

（12）将换下的后轮外侧轮胎固定在备胎支架上。

（13）将工具放回工具箱，并取回放置在车辆后方的警告标志牌。

第五章 安全意识与安全行车

第一节 安全驾驶

教学目标：

1. 养成安全、文明行车和遵守交通信号的意识；
2. 熟知驾驶员心理、生理因素对安全驾驶的影响；
3. 了解驾驶员的反应时间对安全驾驶的影响。

安全驾驶是对道路运输驾驶员的基本要求。要做到安全驾驶，必须养成安全、文明行车意识，自觉遵守道路交通信号，确保身心状态良好，遇到险情，反应机敏，第一时间采取正确的应急处置措施。

一 安全行车的意识

道路运输驾驶员是一种危险系数很高的职业。道路运输驾驶员驾驶机动车的行为不仅仅与自身生命安全息息相关，而且直接关系到乘客及其他交通参与者的生命财产安全。

道路运输驾驶员必须本着"珍爱生命、安全第一"的信念，牢记集中注意力、仔细观察和提前预防这三条"谨慎驾驶"的黄金原则，时刻保持安全意识，自觉遵守道路交通安全法律法规和各项安全规章制度，有效提高事故预防水平，使安全隐患排查治理的各项措施落到实处，确保行车安全，顺利完成运输任务。

二 文明行车的意识

道路运输驾驶员要树立文明行车的意识，养成自觉遵守交通安全法律法规、文明出行的良好习惯，做到自我教育、自我管理、自我约束、自我激励。

（1）不乱停乱靠车辆。乱停、乱靠的车辆严重影响其他车辆通行，造成安全隐患。

（2）不随意变道，不争道抢行。

（3）不乱鸣喇叭。

（4）不占用非机动车道及应急车道行驶。

（5）不滥用远光灯。

（6）不向车外吐痰、抛弃废物。

（7）不挤靠行人，不溅污行人衣物。

（8）发生或遇到交通事故，主动保护现场，抢救伤者，及时报告。

（9）在没有交通信号的路口遇到交通拥堵时，两边车道上的车辆应自觉交替通行。

（10）礼让行车。车辆让行人，转弯让直行，右转让左转。在狭窄的路段会车时，要做到先慢、先让、先停。遇路口交通情况复杂时，要做到宁停三分，不抢一秒。

三 遵守交通信号的意识

交通信号包括交通信号灯、交通标志、交通标线和交通警察的指挥。设置交通信号是为了科学地分配道路上通行的车辆、行人的通行权，以便道路交通安全、有序，交通信号是道路交通规则的重要载体。

驾驶员违反交通信号的原因首先是侥幸心理，对自己的驾驶技术及应急处置能力过分自信，觉得即便前方有危险自己也能从容应对，或者认为偶尔一次违反交通信号，不会被发现。二是开车注意力不集中，没有注意到交通信号，尤其是路侧的交通标志、标线更易被忽略。

为了保证自己、乘客及其他交通参与者的生命财产安全，道路运输驾驶员要养成按交通信号的指挥通行的良好行车习惯，掌握各种交通信号的含义与优先级关系，在行车过程中密切观察交通信号和交通动态，克服侥幸心理，礼让行车。

四 驾驶员心理因素对安全驾驶的影响

1 心理素质与安全驾驶的关系

道路交通事故发生原因涉及人、车、路和环境等多重因素，其中人的因素居首位。人的因素中又以驾驶员的因素最为重要，而影响驾驶员安全驾驶的其中一个重要因素就是驾驶员的心理。作为一名道路运输驾驶员，对心理素质的要求是非常高的，要确保安全行车，就要注意调节并消除各种不良心理因素，保持良好的驾驶情绪和心态。

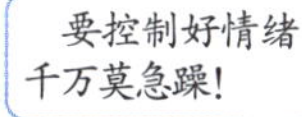

良好心理状态对事物的观察和判断具有积极的作用，表现为观察、反应迅速，判断准确，动作灵敏，操作正确，有利于车辆安全行驶。反之，不良的驾驶情绪将直接或间接地影响到驾驶员的判断与操控动作，妨碍安全行车。

道路运输驾驶员一般持续长时间地驾驶车辆，对体力和精力消耗比较大，在行车过程中，一方面要全神贯注地适应各种路况，因而会表现出积极的适度紧张情绪；另一方面，不断变化的交通环境和交通参与者动态，也会使驾驶员产生恐慌心理。驾驶员在这种紧张的心理状态下长时间或长距离行车，很容易引起焦虑等心理失调现象。

2 常见不良驾驶心理

驾驶员常见不良心理的产生原因及表现

不良心理	产　生　原　因	表　　现
过度兴奋	人逢喜事，中枢神经处于亢奋状态	轻率好动，忘乎所以，驾驶车辆动作飘飘然，判断不准确
麻痹大意	（1）道路顺直平坦； （2）路况、车况熟悉	粗心大意，心不在焉
过度自信	（1）骄傲自满，忘乎所以，对自身驾驶技术过度自信； （2）对险情估计不充分	长期驾驶车辆无事故，自恃技术高超，越障能力强，喜欢表现，开“英雄车”、“逞能车”，特别是遇到一些危险情况、复杂路段等，常常冒险，高速通过
侥幸心理	自恃经验丰富，认为偶尔违法不会出事	（1）违反道路通行规定； （2）违法驾驶故障车； （3）酒驾
赌气与报复心理	遇其他车辆不遵守通行规则影响自己正常行驶	迁怒于对方，把车辆当成发泄自己怨气、实施报复的工具

续上表

不良心理	产生原因	表现
沮丧厌烦	（1）道路条件差； （2）情绪受挫	中枢神经处于压抑状态，动作呆板、反应迟钝、操作不当
急躁心理	（1）交通拥堵； （2）赶时间开会或赴饭局； （3）家人生病	赶时间、超速、抢黄灯、曲线行驶、强行变道、夹塞等
注意力不集中	（1）与同车乘客聊天； （2）一边驾驶车辆一边打电话； （3）一边驾驶车辆一边吃零食	遇紧急情况反应迟钝，惊慌失措，手忙脚乱
恐慌心理	（1）目睹交通事故现场； （2）对车况、路况不熟悉； （3）通过险路、山路、事故多发路段	过度紧张，情绪失控，动作失调，操作失误，超高速行驶以舒缓恐慌心情

3 提高驾驶员心理素质的对策

驾驶员的心理素质主要是由情绪、注意和意志决定。

（1）情绪。情绪是个体对外界刺激的主观的有意识的体验和感受。道路运输驾驶员要具备情绪的自我调控能力，控制、调整自己的情绪活动并抑制情绪冲动，并注意加强自身修养，树立良好的职业道德，要以乘客生命安全、货物运输安全为最高准则，以高度负责的精神热爱驾驶工作，忠于职守，爱岗敬业。

（2）注意。注意是心理活动对一定对象的有选择的集中。道路运输驾驶员要集中注意力，密切关注车辆、行人、道路线型、视距及交通标志标线等一切与驾驶相关的元素，第一时间察看并发现危险征兆，采取预见性驾驶措施，将事故消灭在萌芽阶段，确保安全行车。

（3）意志。意志是人们自觉地确定目的并支配其行动以实现预定目的的心理过程。道路运输驾驶员要有意识地锻炼自己的意志力，在行车过程中保持自觉性、果断性、坚定性和自制性，并自觉遵章守纪，适时坚决地采取正确措施，坚持不懈地克服困难，自我约束，把自己的行动控制在交通安全允许的范围内，圆满完成运输任务。

五 驾驶员生理因素对安全驾驶的影响

1 生理因素与安全驾驶的关系

在行车过程中驾驶员精神高度集中，体力消耗大，遇有突发事件时还要求驾驶员能灵活果断地处置。因此，驾驶员必须具备较好的生理机能，要有健康的体魄，充沛的精力和体力，以及身体各器官功能的协调配合。

影响驾驶安全的常见生理因素及预防措施如下：

1 听觉

驾驶员长时间连续行车，体力消耗过大，就会出现听觉疲劳。外界环境噪声的干扰、车上零部件的松动、振动发出的噪声、车内视听系统的声音都会引发听觉器官的疲劳。这时往往会造成驾驶员听力分散，分辨不清声响的性质，或觉察不出有可能造成严重后果的危险声响。遇到这种情况时应将车停到安全地带休息一下，待疲劳解除后再行车。

2 视觉

1）视力、视野与道路交通安全

按驾驶员特性，视力可分为三种：静视力、动视力和夜视力。驾驶员在行车中尤其要注意动视力和夜视力。动视力一般比静视力低10%～20%，在特殊情况下甚至比静视力低30%～40%，动视力随速度的变化而变化，车速越快，动视力下降越明显，超速行驶发生事故的重要生理原因之一是车速过快影响动视力。夜视力与光线亮度相关，光线越亮，夜视力越好。

不同行车速度条件下的视距

速度（km/h）	视距（m）	速度（km/h）	视距（m）
60	240	80	160

通常条件下，人静态双眼视野为200°左右。驾驶员的视野与车速密切相关，车速越快，视力注意点向远处延伸，近处周围物体难以看清，视野就越小。

不同行车速度条件下的视野

速度（km/h）	视野（°）	速度（km/h）	视野（°）
40	100	120	35
70	65	130	30
100	40		

由此可见，高速行驶，驾驶员的视距、视野均随车速增加而缩小，道路两旁的物体呈带状向后"飞驰"，转瞬即逝，对行车安全有极大威胁。因此，驾驶员在行车过程中一定要遵守限速规定，尤其是遇雨雪雾天或夜间，更要注意及时减速。

2）明适应、暗适应与道路交通安全

当人长时间在明亮环境中突然进入暗处时，最初看不见任何东西，经过一定时间后，视觉敏感度才逐渐增高，能逐渐看见在暗处的物体，这种现象称为暗适应。相反，当人长时间在暗处而突然进入明亮处时，最初感到一片耀眼的光亮，不能看清物体，只有稍待片刻才能恢复视觉，这称为明适应。明适应时间较短，一般只需几秒钟到一分钟，通常对视觉影响不大。暗适应时间较长，一般要经过4～6min才能适应。

驾驶员驾驶机动车进入隧道时，眼睛要经历暗适应过程，出隧道则要经历明适应过程。因此，驾驶员行至隧道入口前约50m处时，要提前开启前照灯、示廓灯，及时观察车速表并降低车速，以不高于隧道口标志规定的速度进入隧道，才能适应隧道内的昏暗环境。驾驶车辆驶出隧道前，要预先注意出口标志，观察隧道外的路面状况，保持精力集中，安全驶出隧道。

3 酒驾

有些驾驶员自认为酒量大、车技高

超、经验丰富，另外由于侥幸心理作祟，饮酒或醉酒后驾驶车辆，险象环生，极易因转弯操作不当飞出路外或撞到建筑物上，无视过路行人将其撞伤、无视交通信号或不注意交叉路口、转错转向盘而迎面撞上驶来的车辆等，造成车毁人亡的悲剧。

当驾驶者血液中酒精含量达到80mg/100mL时，发生交通事故的概率是血液中不含酒精时的2.5倍；达到100mg/100mL时，发生交通事故的概率是血液中不含酒精时的4.7倍。即使在少量饮酒的状态下，交通事故的危险度也可达到未饮酒状态的2倍左右。

酒精对驾驶员会产生以下几方面的影响：

（1）存在视觉障碍。饮酒后驾驶员的视野会缩小，视觉受到影响，使人的色彩感觉功能降低。醉酒的驾驶员甚至只能看到周围环境的很小一部分。

（2）运动反射神经迟钝。饮酒影响人的中枢神经系统，驾驶员饮酒后反应会迟钝1~2s。高速行驶的车辆在1s内会驶出很长一段距离，必然会产生严重后果。

（3）触觉能力降低。因酒精具有麻醉作用，驾驶员饮酒后，手与脚的触觉与控制能力都会降低，身体平衡感减弱，往往无法正常操作加速踏板、离合器踏板、制动踏板及转向盘。

（4）思考、判断能力降低。驾驶员饮酒后对光、声刺激的反应时间延长，记忆力下降，注意力不集中，无法准确判断距离、速度与空间。

（5）理性及自制力下降。在酒精的刺激下，驾驶员会过度兴奋，情绪变得不稳定，会过高估计自己的驾驶技术，盲目自大，对周围人的劝告常不屑一顾，往往做出力不从心的事。

（6）嗜睡。饮酒后由于酒精作用，80%的人会困倦、嗜睡，表现为一开车就犯困想睡觉，从而引发交通事故。

4 身体疾病与药物

驾驶员在病态下开车，注意力和反应力会大大降低，动作不协调，准确性和速度也会下降，慢性疾病同样会增加发生交通事故的可能性。大多数驾驶员都知道酒后不能驾驶车辆，但很少有人知道常见药物也会引起不良反应，从药理学角度看，某些药物对神经系统的影

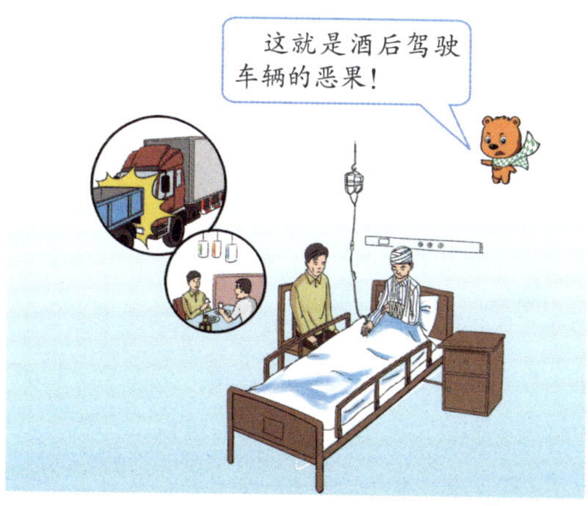

响强度超过了酒精，甚至一些中药乃至保健品也可能影响到交通安全。驾驶员服用某些可能影响安全驾驶的药物后依然驾驶车辆出行的现象屡见不鲜。

驾驶员在生病服药期间最好不要驾驶车辆，并且要注意以下几点：

（1）看病时，主动与医生沟通，请医生尽量避免使用会对驾驶产生不良影响的药物。对于普通常见感冒，最好选用中成药或选择不含抗组胺药成分的，如日夜百服宁中的“日片”、白加黑中的“白片”等。

（2）仔细阅读药品使用说明书，特别是“用量、禁忌症和副作用”等，严格遵医嘱服药。

（3）不要重复用药，不要超剂量用药，以免引起药物的不良反应或相互作用。

（4）服用药物2h内不能开车，最好5h内不要驾驶车辆。

临床上服用后会影响行车安全的常见药物及副作用

类　别	副 作 用	举　例
抗感冒	多数感冒药含有“抗组胺”成分，会导致全身乏力、疲劳、嗜睡	康泰克、日夜百服宁、三九感冒灵胶囊、复方盐酸伪麻黄碱缓释胶囊、速效感冒胶囊、感冒通以及一些止咳糖浆等
抗过敏	对中枢神经系统有较强的抑制作用，导致头晕、嗜睡、视物模糊、口干、倦乏	苯海拉明、异丙嗪、扑尔敏等
抗抑郁焦虑	全身乏力、疲倦、口干	百优解、丙咪嗪、多虑平和苯乙肼等
镇定安眠	对中枢神经系统有抑制作用，眩晕、嗜睡、呕吐、震颤以及视力模糊、头痛和昏厥	地西泮、艾司唑仑、劳拉西泮等
降压降糖	降压药易引起嗜睡、头痛、眩晕和低血压反应等；降糖药会引起药物性低血糖反应，如心悸、头晕、多汗、虚脱等	心得安、利血平、硝苯地平、络活喜、波依定、尼莫地平及尼群地平等

续上表

类　别	副作用	举　例
支气管、血管扩张等兴奋类药物	使人过于兴奋，导致驾驶员在开车时不能很好地控制加速踏板、离合器踏板和制动踏板	硝酸甘油、洛贝林、诺龙等
止痛	驾驶员反应迟钝，注意力不集中，控制力下降	布洛芬缓释胶囊、布洛芬等
酊剂	所有酊剂药物都含有酒精，服用后会被检测为酒驾	藿香正气水、复方五味酊、养阴清肺糖浆、人参蜂王浆及金喉健喷雾剂、云南白药酊等
质子泵抑制药	偶有疲乏、困倦反应	奥美拉唑、兰索拉唑、泮托拉唑等
抗高血压药	较大剂量时可引起嗜睡、乏力、注意力不集中，产生幻觉	利血平、甲基多巴等

5 疲劳驾驶

1）疲劳驾驶的表现

疲劳驾驶是指驾驶员长时间坐在驾驶座位上，由于长时间集中精力观察路况，操纵车辆，生理或心理发生某种变化，而在客观上出现驾驶机能低下的现象。疲劳驾驶是引发交通事故的一个重要因素，常见的驾驶疲劳的表现有：打呵欠，眼皮沉重，头昏脑胀，眼睛酸涩，口干舌燥，驾驶车辆走神，反应稍显滞后，操纵车辆不及时，甚至出现瞬间意识模糊，控制不住地打盹等。

2）疲劳驾驶的原因

导致疲劳驾驶的因素及主要原因

因　素	主要原因
睡眠质量	睡眠不足，睡眠质量不高，睡眠环境差等
生活环境	琐事多，与家人或同事关系不和睦，精神负担重等
车内环境	温度过高或过低，噪声过大，座椅不合适，振动剧烈等

续上表

因　素	主　要　原　因
车外环境	路面状况差，交通环境复杂，气候条件不良等
运行条件	长时间、长距离行车，车速过快或过慢，过于限制到达时间等
身体条件	从事其他劳动导致体力消耗过大，体力、耐力差，视听能力下降，患有某种疾病，或药物或酒精引起的疲劳等
驾驶经历	技术水平低，操作生疏，驾驶经验缺乏，心理紧张等

3）疲劳驾驶的危害

疲劳驾驶会导致驾驶员在行车中体力下降，注意力不集中，视觉模糊，困倦、四肢无力，判断力下降，不能及时发现和正确处理路面交通情况。一旦驾驶员不由自主地出现瞬间意识模糊的情况，车辆会偏离行驶路线，完全失去控制，后果不堪设想。

4）疲劳驾驶的预防措施

（1）提高对疲劳驾驶的防范意识，从思想上充分认识其危害，分析疲劳驾驶产生的原因，找出对策。

（2）保证充足的睡眠时间。养成规律的作息习惯，每天确保8h睡眠时间。

（3）一般情况下，连续驾驶时间不要超过4h，连续行车4h必须停车休息20min以上。

（4）掌握好持续行车的时间节奏。长途行驶期间每两小时停车休息一次，安排好途中的食宿和休息。

（5）确保车况良好。做好车辆维护工作，避免和减少途中抛锚，减少不必要的时间、精力、体力的消耗。

（6）疲劳驾驶易发生交通事故的时间段为中午、深夜和凌晨。在中午11时至13时、深夜24时至2时，凌晨4时至6时三个时间段更要谨慎驾驶。

六 驾驶员反应时间对安全驾驶的影响

驾驶员从接收到危险信号到采取措施的时间即为驾驶员的反应时间。影响驾驶员反应时间的因素包括驾驶员的年龄、身体状况、行车经验、驾车时段、道路条件、气象条件等。通常，驾驶员的平均反应时间一般为0.6～0.8s，驾驶员在危急情况下受惊吓时反应时间大多会大于1s，甚至会导致把加速踏板误当

作制动踏板的错误。

如果车辆以一定的速度行驶，驾驶员采取制动措施的过程中，在驾驶员的反应时间、车辆制动系统响应时间及制动系统起作用时间内车辆仍将行驶一段距离才能停下来，停车距离与车辆行驶速度及制动系统性能密切相关。

汽车的停车距离随车速的增加而增加，因此车速越快，跟车距离应越大，如果驾驶员在驾驶车辆时精力不集中，如聊天、吃东西、吸烟等都会影响驾驶员的反应时间，导致动作迟滞，惊慌失措，停车距离延长，以致发生事故。所以驾驶员在驾驶车辆的过程中，必须根据车速保持合适的跟车距离，确保前车紧急制动时，能随之制动而不与前车追尾，并集中注意力，保持高度警惕，及时发现危险情况，果断采取应急措施。

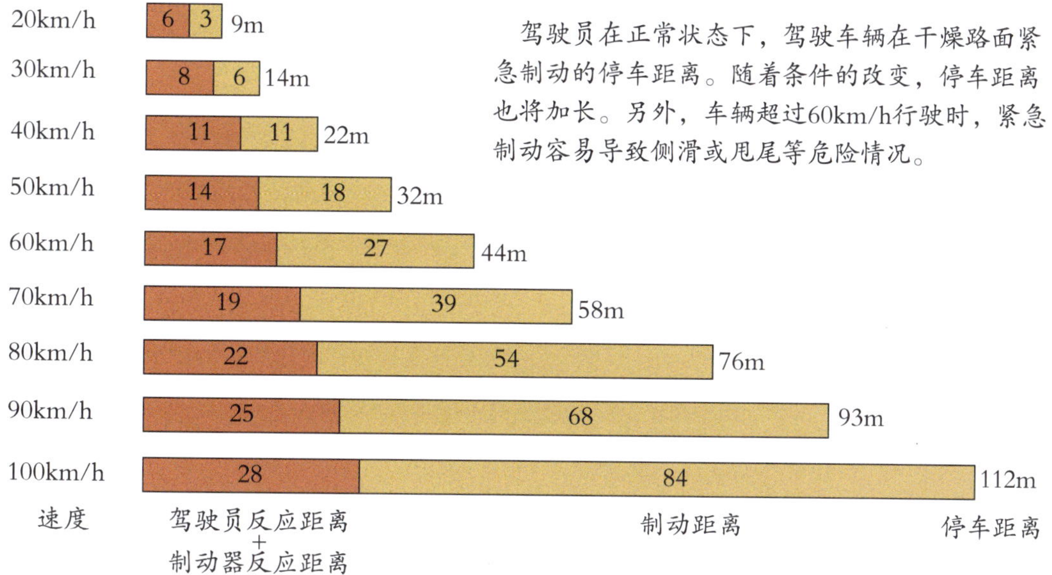

驾驶员在正常状态下，驾驶车辆在干燥路面紧急制动的停车距离。随着条件的改变，停车距离也将加长。另外，车辆超过60km/h行驶时，紧急制动容易导致侧滑或甩尾等危险情况。

第二节 危险源识别与防御性驾驶

教学目标：

掌握各种行驶状态、典型道路环境、恶劣气象和高速公路、夜间等环境条件下的危险源识别与防御性驾驶方法。

道路运输驾驶员是一种高危职业，在行车过程中时时刻刻潜藏着各种危险，如果驾驶员掌握危险源识别的知识，仔细观察交通动态，提前预判存在的各种危险源，进而采取正确的防御性驾驶措施，就能最大限度地避免道路交通事故的发生。

一 危险源及防御性驾驶的含义

1 危险源与危险源辨识

危险源是可能导致死亡、伤害、职业病、财产损失、工作环境破坏或这些情况组合的根源或状态。

危险源辨识就是识别危险源并确定其特性的过程。危险源辨识不但包括对危险源的识别，而且必须对其性质加以判断。

2 危险源的分类

危险源可分为根源危险源和状态危险源。根源危险源是客观存在的，主要是控制状态危险源。

3 防御性驾驶

防御性驾驶是预测危险、避免事故的驾驶方法。掌握防御性驾驶方法，集中注意力，密切观察交通动态，准确地识别、预测由其他交通参与者、不良气候或路况引发的危险，及时采取合理、有效的应急措施，防止意外事故的发生，远离危险。

二 各种行驶状态的危险源识别与防御性驾驶方法

1 跟车危险源辨认与防御性驾驶

跟车危险源及防御性驾驶对策

危 险 源	防御性驾驶对策
跟车距离近	保持较大的安全跟车距离，速度越快，跟车距离应越大。跟车距离约等于行车车速的公里数，如车速是100km/h，跟车距离约为100m
前车较大，视线受阻	当前车为大型客货车时，会遮挡驾驶员的视线，不知道前方道路及交通信号情况，必须保持较大的跟车距离，特别是在通过路口时，不要贸然紧跟前车通过，以免误闯红灯，发生危险
前车为公交车或出租汽车	公交车临近车站时，会靠边停车；出租汽车招手即停。跟随公交车或出租汽车行驶时，也要加大跟车距离，密切注意前车动态，以防前车突然紧急制动或突然变道

续上表

危 险 源	防御性驾驶对策
前车为低速车	当前车为拖拉机、三轮车、载重货车等行驶速度较低、加速性能比较差的车时，应保持较大的间距，在确保安全的情况下，伺机超越
夜间跟车	夜间跟车要开近光灯，不能开远光灯，跟车距离比白天要加大一些
坡道跟车	跟车上坡时，加大跟车距离，以防前车突然熄火后溜车；跟车下坡时要控制车速，随着车速的增加，跟车距离也要随之加大
弯道跟车	前车转弯时会遮挡驾驶员的视线，形成视线盲区，因此要加大跟车距离，待前车通过弯道后再转弯
险要路段跟车	跟车通过简易桥梁、傍山险路等险要地段时应减速或停车，待前车安全通过后再通过
泥泞路段、冰雪路段跟车	道路湿滑，容易发生侧滑，跟车行驶要沿前车车辙前进，并加大跟车距离
雾天跟车	由于雾天视线不清，因此要密切注意前车喇叭、示廓灯、制动灯等声音和灯光信号，保持合理的跟车间距，既不能太近，也不能太远，太近容易追尾，太远容易失去行驶参照目标
跟车行驶时，后车示意超越	若条件允许，靠右让行，让速让道；若条件不允许，不要轻易让道

2 会车危险源辨认与防御性驾驶

会车危险源及防御性驾驶对策

危　险　源	防御性驾驶对策
窄路会车	低速谨慎会车，必要时停车让行
窄桥会车	正确估计双方距离桥的远近和车速，不能盲目抢行。距桥近、速度快的车辆先通过，距桥远、速度慢的车辆要减速先避让
施工路段会车	道路施工路段车道变窄，要根据对面来车的车速、道路情况等预判是加速通过施工路段还是减速让行，要避免在施工路段会车
坡道会车	在狭窄的坡道会车，上坡车让下坡车先行
道路有障碍物会车	如果遇到有障碍物，与障碍物距离较近、车速较快的车辆先行
弯道会车	弯道处会车，驾驶员视线受阻，要严格遵守靠右通行原则，保持一定的横向间距，不能侵占对向车道行驶
夜间会车	夜间会车时，在照明良好的道路上行驶，不能使用远光灯；在没有路灯或虽有路灯但照明不好的道路上，可以使用远光灯，但如果对面有车驶来，须在150m时互相关闭远光灯，改用近光灯，注意路况，低速会车，必要时可停车避让
泥泞路段、冰雪路段会车	道路湿滑，切忌紧急制动或急转转向盘，应握紧转向盘，保持两车足够的横向间距，低速会车，必要时停车交会。靠边让路时不要压路基，土质路路基松软，容易塌陷造成翻车
雾天会车	两车交会时应按喇叭提醒对面车辆注意，如果对方车速较快，应主动减速让行

3 超车危险源辨认与防御性驾驶

超车危险源及防御性驾驶对策

危　险　源	防御性驾驶对策
对向有来车	在双向两车道道路行驶，与对向来车有会车可能时不能超车

续上表

危　险　源	防御性驾驶对策
前车示意左转弯、掉头或正在超车	不能超车，待前车完成左转弯、掉头或超车后，再伺机超车
后方有跟车	观察后方来车有无超车意向，如后方车辆示意超车，则暂时不要超车
拥堵路段超车	在拥堵路段最好不要超车
坡道超车	在上坡接近坡顶的时候，由于看不清前方路面状况，不能贸然超车
弯道超车	在弯道处行车由于驾驶员视线受阻，超车容易侵占对向车道引发危险，一般在弯道处不能超车
隧道超车	通过隧道时，由于光线较暗，车道较窄，不能超车
泥泞路段、冰雪路段	在恶劣天气情况下，或通过泥泞、冰雪等复杂路段时，很容易发生侧滑等危险，不能超车
超越停在路边的车辆	鸣喇叭，加大与车辆的横向间距，细致观察所停车辆动态，防止有人突然开车门或车辆突然起步
超越停在路边的公交车	减速、鸣喇叭，预防行人从公交车前方突然蹿出
夜间超车	连续变换远近光灯示意前车，必要时鸣喇叭，确认前车减速让路后再超车

4 变更车道危险源辨认与防御性驾驶

变更车道危险源及防御性驾驶对策

危　险　源	防御性驾驶对策
快车道变更到慢车道	先开启右转向灯，并通过内外后视镜和眼睛直接观察，确认右后方有无车辆，注意车辆后视镜有盲区，变道时先轻微转动转向盘，确认安全后再变道

续上表

危　险　源	防御性驾驶对策
慢车道变更到快车道	先开启左转向灯，注意左后方车辆的速度和距离，确认安全后变道
变更车道驶入岔路口	提前驶入慢车道，再驶入岔道口，在车流量大、车速较快的全封闭路段，突然变道可能会引发多车连环相撞的恶性事故
左右两侧的车辆向同一车道变更	左侧的车辆让右侧的车辆先行
变更两条以上车道	不能一次连续变更两条以上车道，而要先变更到一条车道，行驶一段距离后再变更到另一条车道

5 转弯危险源辨认与防御性驾驶

转弯危险源及防御性驾驶对策

危　险　源	防御性驾驶对策
内轮差	车辆转弯时，前内轮转弯半径与后内轮转弯半径之差就叫内轮差。车身越长，转弯幅度越大，形成的内轮差就会越大。转弯的车辆既要防止内后轮掉入沟中或碰及障碍物，又要防止外前轮越出路外或碰及障碍物
转弯车速高	在进入弯道前降低车速，避免在转弯的同时紧急制动。转弯车速过高，轮胎与地面的摩擦力减弱，离心力增大，车辆会发生侧滑，驶离路面，重心高的车辆还容易翻车
路旁车辆、行人或其他障碍物	大型车辆转弯时，要合理规划转弯路线，防止剐蹭路旁的车辆、行人或其他障碍物
急转弯路段	急转弯路段行车时，一般不要猛踩或者快松加速踏板，更不能紧急制动和急转转向盘。需降低车速时，先缓缓放松加速踏板，然后连续几次轻踩制动踏板，达到控制车速的目的
右转弯时后方车辆	右转弯时，防止后方跟行车辆从右侧突然超越

6 倒车危险源辨认与防御性驾驶

倒车危险源及防御性驾驶对策

危险源	防御性驾驶对策
车后有儿童、小动物或其他障碍物	倒车前绕车一周，认真观察车辆周围环境，确认车后无儿童、小动物或其他障碍物后再倒车
左右两侧障碍物	倒车过程中不要一直看着车后，在确认车后安全的前提下，要不时地观察左右倒车镜，留心障碍物与车身之间的距离，并随时转动转向盘修正车身后退时的位置
车头碰到障碍物	倒车过程中，如果转向盘转向角度大，前轮的转弯半径大于后轮的转弯半径，车头很容易撞到障碍物，因此要格外注意
高速公路倒车	在高速公路上错过出口时，禁止倒车，要继续向前行驶，到下一出口就近驶出

7 掉头危险源辨认与防御性驾驶

掉头危险源及防御性驾驶对策

危险源	防御性驾驶对策
在有禁止掉头、禁止左转弯标志标线的地方	不能掉头
铁路道口、人行横道、桥梁、急弯、陡坡、隧道	在铁路道口、人行横道、桥梁、急弯、陡坡、隧道等容易发生危险的路段不能掉头
个别道路上标画有黄色虚实线	双黄线中的一根为实线，另一根为虚线，实线一侧禁止超车、掉头，而虚线一侧允许超车、掉头
左侧障碍物	如左侧有障碍物，掉头时要注意防止剐蹭
狭窄路段掉头	如道路狭窄不能一次顺车掉头，可运用前进或后退相结合，多次调整的方法掉头
危险路段掉头	车尾朝安全一侧，车头朝危险一侧，前后都要留足安全余地，宁可多进退调整几次，不可着急

三 典型道路环境的危险源识别与防御性驾驶方法

1 山区道路危险源辨认与防御性驾驶

山区道路危险源及防御性驾驶对策

危 险 源	防御性驾驶对策
弯多、弯急	不要超载，降低车速，缓慢转弯，避免侵占对向车道。进入弯道时车辆靠弯道外侧行驶，到弯道中段时靠弯道内侧行驶，出弯道时车辆又靠弯道外侧行驶，使车辆驶过的轨迹比弯道平缓，以便减小离心力，防止侧翻事故
路面狭窄	严格控制车速，集中注意力，避让对向车辆，谨慎驾驶
上下陡坡或长坡	上坡时换低挡，增强爬坡性能。上陡坡时，在路况许可条件下，提高车速冲坡。当感觉动力减弱时要及时减挡，不要拖挡强行。 下坡时应减挡，利用发动机牵阻制动和行车制动器联合制动，随时控制车速，严禁空挡滑行，不要持续踩踏制动踏板，以免长时间使用制动器导致其过热而失灵
路面状况差	结合车辆情况选择合适的车速谨慎驾驶，切忌硬冲硬闯，遇雨雪天气道路情况变差确实需要通行时，采取支垫的方法改善局部路面，改善通行条件后再通行
视线受阻	低速行驶，进入弯道前的路段，提前观察远处路段的弯道情况及对面来车，提前做好会车准备，同时还应提前鸣喇叭提示其他车辆
肩挑扁担的行人	与肩挑扁担的行人保持足够大的横向安全间距
牲畜横穿道路	提高注意力，减速行驶，及时制动

2 桥梁危险源辨认与防御性驾驶

桥梁危险源及防御性驾驶对策

危　险　源	防御性驾驶对策
路幅较窄，车辆易驶出桥面坠入河中	装载货物不要超限，仔细观察桥头附近的交通标志，遵守限速、限载等有关规定，保持安全车速行驶，不要超车；如桥面狭窄，先看清前方是否有来车，若桥面会车有困难，不要冒险会车，要在桥头宽阔地段停车等候，不要抢行
超重易使桥面垮塌	严格按车辆核定载质量装载货物，不要超载，严格按桥梁限载通行
横风	跨海大桥易受强烈横风的影响，行经跨海大桥时要控制车速，握紧转向盘，与同向车辆保持较大的横向间距
立交桥迷路	上立交桥之前提前观察指路标志的路线和方向，不要专注找路而忽视周围的车辆
拱桥影响视线	过拱形桥时，往往无法看清对方来车和行驶路线，因而车辆应多鸣喇叭，靠右减速行驶，并随时注意对方来车和行人情况。车行至桥顶，要放松加速踏板，减速下行，同时注意观察桥下情况，随时做好制动准备

3 隧道危险源辨认与防御性驾驶

隧道危险源及防御性驾驶对策

危　险　源	防御性驾驶对策
限宽	谨慎驾驶，装载货物不要超宽，不要超车
限高	注意限高标志，装载货物不要超高
限速	严格遵守限速规定，保持安全速度行驶
能见度低	提高警惕，谨慎驾驶
入口光线由明变暗	提前开启前照灯，减速，待眼睛适应光线剧烈变化后再以正常速度行驶。如前车未开启前照灯，则应加大跟车间距

续上表

危　险　源	防御性驾驶对策
出口光线由暗变明	关闭前照灯，减速，待眼睛适应光线剧烈变化后再以正常速度行驶
隧道内结冰	低速行驶，不要急踩制动踏板，以免发生侧滑
出口横风	缓踩制动踏板，低速行驶，握紧转向盘，稍微向逆风方向修正

4 交叉路口危险源辨认与防御性驾驶

交叉路口危险源及防御性驾驶对策

危　险　源	防御性驾驶对策
环形路口内正在行驶的车辆	应让已在环形路口内的车辆先行，不能强行加塞
黄灯亮时抢行的车辆和行人	不要抢黄灯驶入交叉路口，避免与其他急着通过交叉路口的车辆碰撞
视线盲区	在交叉路口，大型货车和客车由于车辆本身结构的原因，在一定的空间范围内形成了驾驶员的视线“盲区”。大型车辆驾驶员很难看到其他正在转弯或直行的车辆，或者因为车速、角度估计错误，有可能发生剐蹭，因此应尽可能与前车或者障碍物保持足够的距离，并注意控制车速，时刻保持高度警惕
紧跟前车追尾	有些驾驶员在接近交叉路口时看见是绿灯，就想一下加速通过，或看见绿灯闪烁就突然紧急停车，这时容易发生追尾事故，应与前车保持足够的安全间距，以免追尾
交叉路口左转	靠路口中心点左侧转弯，开启转向灯，夜间应使用近光灯
拥堵交叉路口	如遇交叉路口拥堵，即使绿灯亮也不能通行，而应依次在路口外停车等候，否则整个路口将完全堵塞，难以疏导
在没有红绿灯路口的其他车辆和行人	转弯车辆让直行的车辆、行人先行，相对方向行驶的右转弯车辆让左转弯车辆先行

5 城乡结合部危险源辨认与防御性驾驶

城乡结合部危险源及防御性驾驶对策

危险源	防御性驾驶对策
人车混杂	行人、农用三轮车、拖拉机、人力车、畜力车混行，因此要保持高度警惕，密切观察、低速行驶，避让其他交通参与者
交通标志标线及交通信号灯等安全设施不完善	因为设施不完善，通行无秩序，因此通过城乡结合部时，要低速谨慎慢行，不要盲目抢行
农民占道晒粮、流动摊贩占道经营	道路变窄，路况复杂，特别是车轮如果碾压到占道的粮食容易侧滑。因此要低速通过，避免碾压占道的粮食和剐蹭路边摊位
道路交通参与者安全意识薄弱	严格按道路通行规则通行，减速礼让，遇行人或非机动车突然横穿道路，要及时减速或停车避让

6 施工路段危险源辨认与防御性驾驶

施工路段危险源及防御性驾驶对策

危险源	防御性驾驶对策
道路变窄	按交通标志及时变更车道，按限速标志降低车速，保持安全速度行驶
道路中断	根据提示信息提前规划好行驶路线
路面有沙石	路面摩擦系数降低，要保持低速行驶，提前采取制动措施，避免侧滑
施工标志不全或设置不明显	注意观察，提高警惕，谨慎驾驶

四 恶劣天气条件下的危险源识别与防御性驾驶方法

1 雨天危险源辨认与防御性驾驶

雨天危险源及防御性驾驶对策

危 险 源	防御性驾驶对策
光线暗，能见度低	低速谨慎驾驶，多鸣喇叭，打开刮水器，必要时打开雾灯；雨下得过大，刮水器无法刮净雨水，视线极为模糊时，打开危险报警闪光灯靠边停车等待
雷电	关闭车载电子设备，不要打电话；关闭所有车窗；在车内避雨，不要下车走动；不要在空旷地带高大的树下停车，将车停在地势较低的位置，但要确保该地段不易积水
大风	握紧转向盘，防止行驶方向偏离
路面湿滑、泥泞	缓踩制动踏板，勿紧急制动和急转弯，以免侧滑。轮胎与地面附着力降低，制动距离增大，因此跟车距离应为干燥路面的1.5倍
积水	先判断积水深度，如积水较浅，则低速通过，防止积水溅起的水花覆盖前风窗玻璃，避免水花溅到行人身上；如积水较深，把车停到安全地方，不要强行通过。涉水行驶过程中，保持车辆不熄火，防止进气口进水。如在水中熄火，不要试图起动车辆，否则容易损毁发动机
车窗起雾	打开车内除霜装置，清除雾气
车外骑车人	遇雨天，骑车人一般会穿戴雨衣或一手打雨伞一手骑车，不易听到喇叭声，容易摔倒或突然猛拐，因此要与骑车人保持较大的横向间距，谨慎行驶

2 雪天（冰雪路面）危险源辨认与防御性驾驶

雪天（冰雪路面）危险源及防御性驾驶对策

危 险 源	防御性驾驶对策
气温低，起动困难	做好冬季维护，确保蓄电池电力充足，更换适合冬季使用的润滑油，定期清洗节气门，车辆起动后怠速运转几分钟后再上路

续上表

危　险　源	防御性驾驶对策
路上有积雪，附着系数低，制动距离延长，易侧滑	合理使用挡位，慢抬离合器踏板，轻踩加速踏板，平稳起步，低速行驶，前后左右都要留有安全车距，不要紧急制动和急转向，以免车轮侧滑。需要转弯时，先减速再转向，适当加大转弯半径，缓转转向盘。如发生侧滑，在向侧滑一方转转向盘进行修正。必要时可为轮胎加装防滑链
积雪覆盖路面，看不清标志及道路边界	根据路边建筑物和树木等参照物判断道路边界，沿前车车辙谨慎行驶
山区冰雪道路	前车正在爬坡时，要停车等待，待前车顺利通过后再爬坡，转弯前降低车速，避免转弯的同时制动，防止车辆侧滑坠崖
自行车和行人易摔倒	遇自行车或行人应减速慢行，与自行车和行人保持足够距离
雪后阳光炫目	戴上防护镜

3 雾天危险源辨认与防御性驾驶

雾天危险源及防御性驾驶对策

危　险　源	防御性驾驶对策
能见度低，视线不良	白天开启雾灯和示廓灯，夜间开启雾灯和近光灯，切记不得开远光灯，低速谨慎行驶，勤按喇叭，提醒车辆和行人。能见度小于5m时，把车开到路边安全地带或停车场，待雾散去或能见度提高时再继续前行
路面湿滑，摩擦系数低	严格控制车速，密切注意前车状态，适当加大与前车的纵向安全距离，跟车行驶，不要超车
风窗玻璃有水雾	开启刮水器和车内风窗玻璃除霜装置，尽快去除水雾
行经靠近湖泊的路段	昼夜温差较大、无风的早晨，在靠近湖泊的路段最易出现团雾，如发现团雾，应立即采取减速措施，如具备安全变道条件，要打开信号灯，减速驶入最右侧车道，以便前方发生事故堵车时，车内乘客能迅速转移至路侧安全地带

4 风沙天危险源辨识与防御性驾驶

风沙天危险源及防御性驾驶对策

危险源	防御性驾驶对策
风力较大时，会影响行驶稳定性，减弱喇叭声音	感觉汽车横向偏移时，握紧转向盘，行车要比平常更为谨慎，速度更为缓慢
沙尘暴	尘土飞扬，空气混浊，能见度低，打开车灯，多鸣喇叭
暴风	行车中突遇暴风，应停车躲避，将车辆尽量停在背风处
台风	避免在台风登陆期间出行
车体易被砸	行驶过程中或停车时不要靠近楼房、满载货物的货车或摇摇欲坠的广告牌等
风沙损坏车体	小心清除隐藏在刮水器橡胶片中的沙粒，再启用刮水器，否则风窗玻璃可能被刮伤

五 高速公路行驶危险源识别与防御性驾驶方法

高速公路行驶危险源及防御性驾驶对策

危险源	防御性驾驶对策
车辆发生故障或遇道路堵塞必须停车	不可紧急制动，更不能在行车道直接停车，应提前减速，看清车前车后的交通情况，打开右转向灯；尽快驶离行车道，停在紧急停车带内或右侧路肩上。停车后，必须立即打开危险报警闪光灯，按规定在车后方设置警告标志，若是夜间还需同时打开示宽灯和尾灯；车上人员应迅速转移到右侧路肩以外，必要时打电话报警
故障车辆	尽量将视线放远，如发现故障车辆提前变更车道绕行
爆胎	握紧转向盘，用力保持车辆行驶方向，不要紧急制动，不要急转转向盘

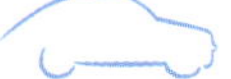

续上表

危 险 源	防御性驾驶对策
事故多发路段	看到"事故多发路段，请谨慎驾驶"类似的警告标志时，一定要有意识地降低车速并保持车距，同时做好应对紧急情况的准备
疲劳驾驶	在高速公路长时间行驶，尤其是车辆很少时，驾驶员信息刺激量减少会造成其意识下降，产生高速催眠现象，非常危险，驾驶员缓解疲劳最好的方法就是在服务区休息或驶出高速公路休息
发生轻微财产损失的事故	如果无人员伤亡、双方对成因无异议，且车辆具备移动能力，一定要将车辆移动至紧急停车道内停放
发生大的财产损失事故甚至伤亡事故	在事故现场来车方向150m外设置警告标志，且人员要转移到公路护栏外，并及时报警
从匝道进入行车道	从匝道口进入高速公路后，必须在加速车道上提高车速，尽快将车速提高到60km/h以上，抓住时机安全快速进入行车道，驶入行车道时不能妨碍其他车辆的正常行驶
选择行车道	严格遵守分道行驶、各行其道的原则，根据车速选择适合的行车道，不得随意穿行越线，不准骑轧车道分界线
驶离高速公路	在距目的地出口500m时打开右转向灯，驶入减速车道，在出口前把车速降到40km/h以下进入匝道。由于长时间高速行驶，速度感觉迟钝，容易误判车速，必须通过速度表确认车速。避免在接近路口处才紧急制动和急转方向驶向路口
车距过小	高速公路上的纵向车距（两车间的前后距离）要略大于行驶速度值。高速公路上，专门设有为驾驶员确认行车间距的行驶路段，在此路段上行驶，可检验与前车的行车间距，驾驶员可根据需要适时调整车速,即:时速在70km时，行车间距不得少于70m；时速在100km时,行车间距应保持在100m以上；雨雪雾天或夜间行驶时，行车间距应增加1倍以上
走错方向	发现走错方向或驶过出口后，严禁在匝道或行车道上掉头，而应从下一出口驶离，再掉头回到规划路线
通过立交桥	行至高速公路立交桥时，要注意观察指路标志，在临近转弯的立交桥前，要根据指路标志确认出口位置、行驶车道和行驶路线
变更车道	确认与要进入的车道有不影响超车的足够安全车间距。打开转向灯，向左（右）适量转动转向盘，加速驶入需要进入的车道

六 夜间行驶危险源识别与防御性驾驶方法

夜间行驶危险源及防御性驾驶对策

危险源	防御性驾驶对策
夜间光线差	谨慎驾驶，若路面光线较好，开启近光灯；若光线很暗，开启远光灯，但在两车相距150m时要改为近光灯
路界不清	控制车速，增大跟车距离，以便出现突发情况时能有充足的反应时间
夜间通过险要路段	减速慢行，遇险要路段，应停车查看，确认安全后再行进
夜间通过乡村道路	夜间在乡村道路上通行，应加大行车间距，以免前车扬起的尘土影响灯光照明，遮挡视线
霓虹灯等灯光影响	途经繁华街道时，要注意霓虹灯及各类装饰灯光对视线的影响，降低车速、细心观察、谨慎行驶
行经弯道、坡路、桥梁、窄路和不易看清的地方	降低车速并随时做好制动或停车的准备
车灯光柱变短	遇上弯道或上坡路，注意提前采取措施
车灯光柱变长	下坡路或路上有凹坑，注意减速慢行
疲劳驾驶	夜间行车特别是午夜以后最容易瞌睡，太疲劳时应停车休息，不要强行赶夜路

第三节 临危避险驾驶

教学目标：

1. 掌握紧急、突发情况的处理原则；
2. 掌握发动机突然熄火、转向失控、制动失效、轮胎漏气及爆裂等车辆故障的应急处置方法；
3. 掌握车辆侧滑、侧翻、起火等紧急情况的应急处置方法；
4. 掌握突遇自然灾害、恐怖袭击、火灾及爆炸等情况的应急处置方法；
5. 掌握驾驶员或乘客突发疾病时的应急处置方法。

道路运输驾驶员在行车过程经常会遇到各类紧急、突发情况，如果应急处置不当，可能产生灾难性的后果。道路运输驾驶员掌握临危避险知识和应急处置方法，采取有效措施化解险情，可最大限度地减少事故损失，保证乘客的生命和财产安全。

一 紧急、突发情况的处理原则

在遇到紧急、突发情况时，驾驶员要沉着冷静，机智应对，按照正确的应急处置原则，迅速判断险情，果断采取措施，将损失和危害降到最低。

1 冷静机智

发生紧急情况时，驾驶员不能慌乱、不知所措，要冷静机智，保持头脑清醒，迅速判断事故原因，通过喊话、鸣喇叭、开启危险报警闪光灯、挥手示意等方式，第一时间把危险信号传递给车上乘客、车外其他车辆和行人，提醒车上乘客及时采取自救措施，提示其他车辆和行人注意避让。

2 以人为本

在采取应急处置措施时要以人为本、乘客优先，即便车辆和其他物体受损，也要确保乘客的生命安全。若事故已经发生，要积极组织乘客有序疏散，帮助乘客自救、互救，减少伤亡。

3 避重就轻

发生紧急情况，损失或伤亡无法避免时，要按照“避重就轻”的原则采取应急处置措施。避开损失或伤亡较重的一方，选择损失或伤亡较轻的一方撞击，设法降低事故损失。

二 发动机突然熄火、转向失控、制动失效、轮胎漏气及爆裂等车辆故障的应急处置方法

发动机突然熄火、转向失控、制动失效、轮胎漏气及爆裂等车辆故障的应急处置方法及预防措施

突发情况	原　因	应急处置方法	预防措施
发动机突然熄火	火花塞故障；分电器故障；供油系统故障；节气门故障等	握紧转向盘，控制行驶方向，开启右转向灯，利用惯性将车缓慢滑行到路边，打开危险报警闪光灯，在车后150m处设置警示标志，停车检查； 切记在靠边之前不要随意制动，以免浪费惯性能量	定期维护车辆，出行前仔细检查车辆状况，经常对发动机进行必要的安全检查

续上表

突发情况	原　因	应急处置方法	预防措施
转向失控	转向机构零部件脱落、损坏或卡滞;转向系统出现其他故障	松抬加速踏板，抢挂低挡，若汽车仍能保持直线行驶，应抢拉驻车制动器操纵杆，车速明显降低后再轻踩制动踏板减速停车； 若车辆偏离行驶方向，事故无法避免时，则应果断地连续踩踏制动踏板，尽快减速停车，缩短停车距离； 同时打开危险报警闪光灯，鸣喇叭，提示其他车辆和行人，待停车后报警求助； 切记不能空挡滑行	定期维护车辆，出行前仔细检查车辆状况，经常对转向系统进行必要的安全检查
制动失效	制动液管路液位不足或进入空气；制动控制系统故障等	控制好行驶方向，检查是否有异物卡滞在制动踏板下面,如果有，用脚将异物踢开，不可以弯腰捡拾； 如果是车辆自身故障造成的制动失效，则应重复踩踏制动踏板，如果还是无法恢复制动功能，使用驻车制动器，抢挂低速挡，双手握紧转向盘，打开危险报警闪光灯，鸣喇叭，提醒周围的车辆和行人注意； 如路侧有路肩、护栏等物可倚靠，可以握紧转向盘，用车身抵住路肩，依靠摩擦作用减速停车，停车后报警求助	定期维护车辆，出行前仔细检查车辆状况，经常对制动系统进行必要的安全检查。确保驾驶室内无容易滚落的小物品，以防卡滞在制动踏板下，影响制动操作
轮胎漏气或爆裂	轮胎磨损严重；轮胎老化；轮胎扎入钉子等异物等	行驶中轮胎漏气或爆裂后不能紧急制动，轻者可能导致漏气轮胎严重损坏甚至报废，重者可能导致车辆以漏气、爆裂轮胎为支点而发生滚翻； 爆胎时车辆会向爆胎的一侧偏离，驾驶员要立即松抬加速踏板，握紧转向盘，极力控制行驶方向，不要过度向另一侧急转向，抢挂低速挡，轻踏制动踏板缓慢减速，尽快驶离行车道，靠边停车后，立即开起危险报警闪光灯，按规定在车后方设置警告标志，车上人员迅速转移到路肩外的安全地带	定期维护车辆，出行前仔细检查轮胎状况，确保胎压正常，轮胎缝里无异物或钉子。如轮胎胎面花纹及纹路不清晰，应立即更换

三 车辆侧滑、侧翻、起火等紧急情况的应急处置方法

车辆侧滑、侧翻、起火等紧急情况的应急处置方法及预防措施

突发情况	原　因	应急处置方法	预防措施
侧滑	车辆速度过快、转弯过快、加速过快、制动过快，路面湿滑，造成车辆侧滑	立即松抬加速踏板，同时向侧滑的一方转动转向盘修正方向，再及时回转转向盘，控制住行驶方向	握紧转向盘，平稳加速，柔和制动，平顺转弯
侧翻	车辆重心过高，横向风过大，高速急转弯或应急处置不当，造成车辆失控侧翻	侧翻时，驾驶员要双手握紧转向盘，双脚勾住踏板，背部紧靠座椅靠背，尽力稳住身体，随车体一起翻滚，避免在翻滚时受伤； 同时通知车内乘客抓紧前方靠背，双脚勾住座椅脚架，背部紧靠椅背，固定身体，随车一起侧翻； 翻车时，不可顺着翻车的方向跳出车外，而应向车辆翻转的相反方向跳跃； 落地时，应双手抱头顺势向惯性力方向滚动或跑开一段距离，避免遭受二次损伤	低速谨慎行驶，不要紧急制动，握紧转向盘，控制好车辆行驶方向
起火	电气系统故障、制动系统过热、车辆装载易燃易爆物品或碰撞引发火灾等	迅速将车停至安全地带，疏散车上人员，评估火情，如果火情不严重，可以用随车灭火器尽快对准火源根部，在上风口处，顺风灭火；如果火势蔓延，无法控制，迅速弃车离开，报警求助； 汽车车厢货物着火时，驾驶员应将汽车驶到远离人群、加油站、房屋、电力设施、森林的安全场所停车，利用随车灭火器扑救，如扑救无效，迅速报警	保持车辆整洁，定期检查车辆电路系统和制动系统，加油时关闭发动机，严格按规定装载易燃易爆等危险物品

四 突遇自然灾害、恐怖袭击及爆炸等情况的应急处置方法

突遇自然灾害、恐怖袭击及爆炸等情况的应急处置方法及预防措施

突发情况	呈现形式或原因	应急处置方法	预防措施
自然灾害	泥石流、塌方	如发现前方路段有泥石流和塌方现象，应立即停车，将车上人员疏散到泥石流方向两侧的安全地带	不要在雨季通过山体易滑坡路段
	地震	立即减速停车，将车上人员疏散至开阔地带； 如正行经桥梁、立交桥、隧道中，则应尽快驶离； 注意地面开裂、下陷情况，不要落入其中； 注意山崩，避免被落石击中	关注地震预告信息，服从应急交通指挥； 积极参加应急演练，积累应急处置经验
	台风	如在行驶过程中突遇台风，要握紧转向盘、控制好行驶方向，低速行驶到背风处停车	关注天气预报，避免在台风天气出行
	沙尘暴	风向和车辆行驶方向相同时，车辆制动距离会变长，要保持安全车距； 风向和车辆行驶方向相反时，行驶阻力增大，会使车速降低，超车、会车要谨慎； 风横向作用于车辆时，可引起转向半径增大或离心力增大，容易使车辆侧滑或侧翻，转弯前要降低车速，握紧转向盘，不要紧急制动，平顺柔和转弯； 关闭车窗，关严车门，防止沙尘刮入车内而迷眼； 打开刮水器，刷净前风窗玻璃； 风沙特别大，影响驾驶时，将车停靠在背风处，防止沙石损伤车辆	握紧转向盘，谨慎慢行，防止跑偏

续上表

突发情况	呈现形式或原因	应急处置方法	预防措施
自然灾害	冰雹	遇冰雹天气，如冰雹较小，风窗玻璃会结霜，打开前后风窗玻璃的除霜装置，溶解冰霜，减速慢行； 如冰雹较大，最好找个安全地带停车，最大限度地减轻或避免损失	关注天气预报，避免在冰雹天气出行
恐怖袭击	对社会不满且性格偏执的人，会针对无辜乘客或驾驶员策划恐怖袭击活动	保持冷静，尽量满足恐怖分子的要求，小心谨慎，做好防范准备，寻找机会求救或报警，牢记犯罪分子的体貌特征和逃离信息	强化安全反恐工作，利用科技手段提高反恐监控能力，落实“三不进站”和“五不出站”的规定，严防可疑人员上车，做好行李物品的安全检查工作，保证车辆安全
爆炸	车辆碰撞、翻车、坠落时均可能起火引发爆炸； 车上乘客携带易燃易爆等危险品，在一定条件下促发爆炸	车辆起火有爆炸危险时，应组织车上人员尽快离开危险区。爆炸时，立即在爆炸物迸飞出的死角处就地卧倒，头部朝着爆炸中心相反的方向，面朝下，两臂护在脑后，或迅速就近找掩蔽体掩护。 爆炸引起火灾，烟雾弥漫时，因为烟雾一般在空间上方飘散，因此要尽可能将身体压低，用手脚触地爬到安全处，尽量不要吸入烟尘，防止灼伤呼吸道	定期维护车辆，确保车辆安全； 严把乘客、行李的安全检查关； 防止恐怖袭击

五 驾驶员或乘客突发疾病时的应急处置方法

1 驾驶员与乘客突发疾病的危险

① 驾驶员突发疾病的危险

驾驶员常见的突发疾病有心律失常、心肌梗死、脑出血、低血糖休克、中暑等。驾驶员突发疾病引起剧痛或者病情危重，丧失意识，会失去操控车辆的能力，导致车辆失控，偏离行驶路线，撞击路上的车辆、行人或其他障碍物。在桥梁或临崖临水路段会坠桥、坠崖、落水，引发严重伤亡的重特大道路交通事故。

② 乘客突发疾病的危险

客运车辆上经常出现乘客突发疾病的情况，病情危重的乘客如果在发病初期得不到及时有效的治疗，甚至会有生命危险。乘客常见的突发疾病有心血管疾病、癫痫、哮喘、关节扭伤、晕车、中暑等。

2 驾驶员与乘客突发疾病的应急处置措施

驾驶员突发疾病初期，如果自己仍有意识，要开启危险报警闪光灯，提示其他车辆和行人注意避让，同时连续踩踏制动踏板，将车辆尽快停到路边安全地带，打开车门，向乘客解释原因，疏散乘客，如携带对症急救药品，积极自救，如没有，则拨打120或者寻求乘客帮助。

若发现车上乘客突发疾病，驾驶员和乘务员要根据掌握的急救知识初步判断乘客病症，在车内积极寻找医务人员，应及时检查乘客是否随身携带急救药物，帮助其尽快服药。如乘客未携带药品，应及时拨打120急救电话求救，尽快将乘客送往医院，送医过程中，车上医务人员可采取初步的急救方法救治患者，以免延误救治时机。

几种常见疾病的应急处置措施

突发疾病类型	应急处置措施
昏厥晕倒	让患者躺下平卧，头部偏向一侧并稍放低。松解领口、衣服，确保呼吸畅通。采取人工呼吸和心脏按压的方法进行急救，也可以用指甲掐人中、涌泉、少商等穴位，促使其苏醒。若有心脏病史，可口服硝酸甘油、麝香保心丸
关节扭伤	切忌搓揉按摩，有条件的话用冷水或冰块冷敷，外擦松节油或涂三七粉、云南白药，或用活血、散淤、消肿的中草药外敷包扎
低血糖休克	食用含糖较高的物质，如饼干、糖块、果汁等
中暑	尽快撤离引起中暑的高温环境，选择阴凉通风的地方休息，松解衣扣，通过冷敷头部、温水擦拭身体等方法尽快冷却体温，在太阳穴处涂抹清凉油、风油精，服用解暑饮品或人丹等中药
晕车	服用晕车药

3 预防驾驶员与乘客突发疾病的措施

① 预防驾驶员突发疾病的措施

（1）定期检查身体。驾驶员每年应进行一次职业性体检，以便早期发现与职业有关的疾病，及时治疗处理。如果发现患有明显的听觉器官、视觉器官、心血管、神经系统器质性损伤等疾病，且无法治愈，则不宜从事机动车驾驶工作。

（2）出车前自查身体状况。驾驶员每次出车前应自查身体状况，如身患疾病感觉不适、状态不佳、情绪不稳定，则应及时跟车队联系，更换驾驶员，不能在体力、精力不好的情况下勉强驾车，以免途中病情加重、情绪失控。

（3）做好自我保健工作。驾驶员要加强营养，锻炼身体，增强体质，保持良好的身心状态。饮食要有规律，多吃高蛋白、粗纤维以及新鲜蔬菜、水果等富含维生素的食物，饭后应休息20~30min再开车，一方面有利于消化，另一方面可预防饭后困顿。注意保持充足的睡眠时间，确保睡眠质量。掌握有效的心理调节方法，自我疏导不良情绪。

2 预防乘客突发疾病的措施

（1）保持车内良好的乘车环境。车厢内的整洁程度、空气质量、温度、湿度、噪声、乘车氛围等都会对乘客的身体和心理产生影响。脏乱、空气污浊、闷热、潮湿、嘈杂的车厢环境会使乘客出现呼吸急促、胸闷烦躁等症状，引发乘客昏厥。另外，驾驶员和乘务员要做到不与车上乘客产生争执，同时要积极调节乘客之间的纷争，以免乘客在争吵过程中由于情绪激动突发疾病。

（2）确保车况良好，行驶平稳。驾驶员要尽量做到平稳起步、柔顺转弯；匀速行驶，颠簸、时快时慢、突然起步、紧急制动容易使乘客晕车、心悸、心血管疾病发作，引发呕吐、昏厥等症状。

（3）满足特殊乘客的要求。老幼病残孕等特殊乘客身体平衡能力差、抵抗力弱，是突发疾病的高危人群，驾驶员在行车中要格外留意特殊乘客，尽量为特殊乘客安排适宜、舒适的座位，满足特殊乘客提出的合理要求。

（4）掌握各类常见病症的急救方法。驾驶员难免遇到乘客突发疾病的情况，因此平时有必要掌握一些基本的急救常识、常见病的应急处置方法，在车厢中常备一些常用急救药品，以备不时之需。

一旦发生交通事故，道路运输驾驶员应沉着冷静，稳妥处理，要迅速辨明情况，按照“先救人、后顾车；先断电路，后断油路”的原则，将事故造成的损失降到最低。道路运输驾驶员必须具备一般的应急救护常识和救护技能，积极主动地救护交通事故中的受伤者，要避免因错误的救护方法而使伤员遭受二次伤害。

第四节 事故现场的应急处置及常用伤员救护方法

教学目标：

1. 掌握事故现场的应急处置方法及伤员救护原则；
2. 掌握危重伤员的应急救护措施及常用伤员救护方法。

一 事故现场的应急处置

1 立即停车

交通事故发生后，道路运输驾驶员必须立即停车，拉紧驻车制动器操纵杆，切断电源，开启危险报警闪光灯，并在车辆后方按规定设置危险警告标志。如在夜间发生交通事故，还需要开启示廓灯和尾灯。

2 及时报案

道路运输驾驶员在交通事故发生后，应及时将事故发生的时间、地点、人员伤亡情况等，通过拨打122报警电话或委托过往车辆、行人向附近的公安交通管理部门报案。涉嫌交通肇事逃逸的，还应当说明肇事车辆的车型、颜色、特征及其逃逸方向、逃逸驾驶员的体貌特征等有关情况。在报案的同时，可向附近的医疗单位、急救中心求援。如果现场发生火灾，还应向消防部门报告。

3 抢救伤员

在确认伤员的伤情后，能采取紧急抢救措施的，应尽最大努力对其实施抢救，救护方法包括止血、包扎、固定、搬运和心肺复苏等。

4 保护现场

为使公安交通管理部门准确勘查现场，为分析事故原因提供确切的资料，道路运输驾驶员应在不妨碍抢救伤员的情况下，尽力保护好事故现场。在条件允许的情况下，迅速用粉笔、砖、石块等将伤员倒卧的位置和姿势记下来。遇有雨、雾天和刮风等天气时，为保护事故现场痕迹不被破坏，应用席子、塑料布、油布等盖上现场痕迹。对事故现场散落的物品，应妥善保护，注意防盗防抢。

5 做好防火防爆措施

在交通事故现场，道路运输驾驶员

还应做好防火防爆措施。首先，应关闭发动机，消除一切可能引起火灾的隐患。如事故现场有扩大事故的因素，如油箱撞破，燃油外泄，应立即疏散乘客到安全地点，并隔离现场。载有危险物品的车辆发生交通事故时，要及时将危险物品的化学特性（是否有毒、是否易燃易爆、是否具有腐蚀性）以及装载量、泄漏量等情况通知相关部门，以便采取相应的防范措施。

二 伤员救护原则

交通事故中的伤员可能是多发伤、复合伤或群体伤，加之交通事故现场环境比较复杂、混乱，救护条件较差，现场救护需要分轻重缓急，坚持“先救命、后治伤，先救重伤员，再救轻伤员”的救护原则，尽量采取减轻伤员痛苦和减少死亡的措施。进行伤员救护要做到以下几点：

（1）对事故现场周边的环境要进行认真观察，确认无安全隐患，同时确保自身和伤员的安全后，开始采取救护措施，并要求操作迅速、平稳。

（2）认真查看伤员的伤情，判断伤员是否有意识、呼吸和心跳，对呼吸和心跳停止的伤员，应迅速采取心肺复苏措施。

（3）对脊柱损伤的伤员不能采取拖、拽、抱的方式；伤员大量出血时，首先应快速、有效地对其进行止血操作。

（4）对需要进行包扎处理的伤员，应先包扎其头部、胸部和腹部伤口，再包扎其四肢伤口；对需要进行固定处理的伤员，应先固定颈部，再固定四肢。

三 危重伤员的应急救护措施

1 头部损伤伤员的救护

如果伤员神志清醒，呼吸脉搏正常，损伤不严重时，可进行伤部止血，包扎处理后，扶伤员靠墙或树旁坐下，找一块垫子将头和肩垫好。若伤员出现昏迷，则要保持其呼吸道畅通，并密切注意其呼吸和脉搏的情况。在救护转移时，护送人员扶置伤员呈半侧卧状，头部用衣物垫好，略加固定后再转移。

2 失血伤员的救护

如果伤员失血过多，将会出现休克等症状，对生命造成很大威胁。对失血伤员，可通过外部压力使伤口流血止住，然后系上绷带。流血止住后，接着应采取一些防止休克的措施。

3 昏迷不醒伤员的救护

昏迷失去知觉的伤员，其症状是不会讲话，抢救前应先检查其呼吸情况，并使其保持侧卧位。

4 休克伤员的救护

受伤者失血过多会出现休克，其症

状为面色苍白、四肢发凉、额部出汗、口吐白沫、显著焦躁不安，脉搏跳动变得越来越快和虚弱，最后脉搏几乎摸不出来。这些症状有时会部分出现，有时又会同时出现。休克时间过长，可能致伤员死亡，伤员出现休克时应及时采取下列急救措施：

（1）将伤员安置到安静的环境。

（2）抬起伤员腿部直到处于与地面垂直状态，使休克停止。

（3）采取保暖措施，防止热损耗。

（4）反复检查呼吸和脉搏情况。

（5）迅速呼救并送往医院。

5 呼吸中断伤员的救护

呼吸中断伤员的症状为无呼吸声音和无呼吸运动。伤员呼吸中断后，应立即进行抢救，否则会由于缺氧而危及生命。抢救时，抬起下颌部使呼吸道畅通，对恢复呼吸作用很大；如果伤员仍不能呼吸，要进行口对口的人工呼吸。如果人工呼吸不能起作用时，要检查嘴和咽喉中是否有异物，并设法排除，继续进行人工呼吸。

6 烧伤伤员的救护

烧伤伤员的症状为皮肤发红、起泡、感觉疼痛。内部组织受损的烧伤可引起呼吸困难、休克、烧伤性疾病等危险。对烧伤伤员应采取下列急救措施：

（1）迅速扑灭衣服上的火焰或脱掉烧着的衣服。

（2）全身燃烧时，可向身上喷冷水。

（3）用消过毒的绷带包扎伤口。

（4）防止热损耗，可饮适当浓度的盐水。

（5）伤口处不可使用粉剂、油剂、油膏或油等敷料。

（6）脸部烧伤时，不要用水冲洗，也不要覆盖。

（7）反复检查呼吸和脉搏，防止休克。

7 中毒伤员的救护

（1）迅速把中毒的伤员送到有新鲜空气的地方，以防止继续中毒。

（2）对昏迷不醒的伤员要使其保持侧卧位。

（3）反复检查呼吸和脉搏，如呼吸停止，应对其进行人工呼吸。

四 常用伤员救护方法

常用的伤员救护方法有心肺复苏抢救法、止血法、包扎法、骨折固定法等，道路运输驾驶员必须掌握这些基本救护方法。

1 心肺复苏抢救法

1 现场判断

轻拍伤员的面部或肩部并呼唤，判断伤员的意识是否丧失，如无反应要立即呼救，并使伤员处于仰卧位，头

部后仰，保持其气道畅通。如果伤员有反应但不能说话、不能咳嗽，可能存在气道阻塞，必须立即检查并清除阻塞物。

（1）判断呼吸。将脸部贴近伤员的鼻孔处，若未能感觉有气流呼出，同时观察伤员的胸腹部，若无起伏，则表明伤员的呼吸可能已经停止，应立即对其进行人工呼吸。

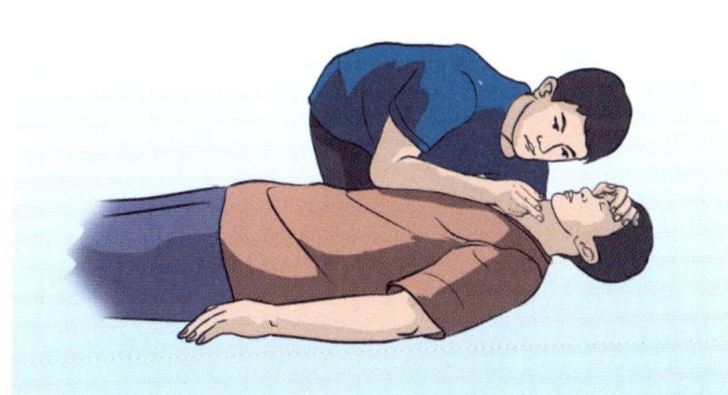

（2）判断脉搏。用食指和中指触摸病人颈部两侧的颈动脉，感觉是否有搏动，如无搏动则应对其进行心脏按压。注意：不要同时触摸两侧颈动脉，以防脑部的血液供应被阻断；触摸时间不可超过10s。

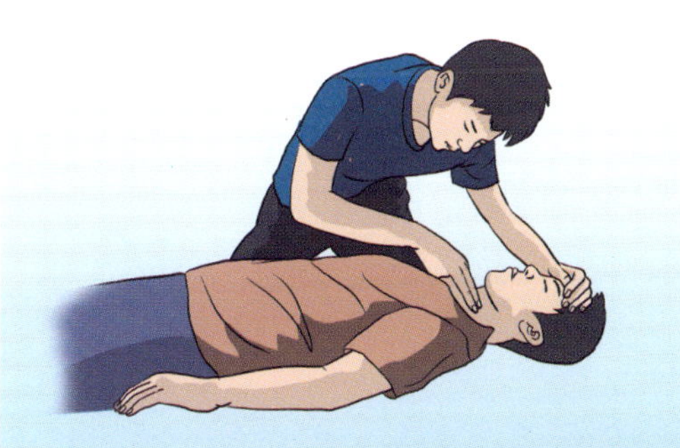

2 操作步骤

1）摆好体位

让伤员仰卧在地面或是坚实的平面上，头部与躯干应保持在同一水平面，不得高于胸部。若伤员处于俯卧位或侧卧位，则应一手扶伤员颈后部，一手置于伤员腋下，使伤员头颈部与躯干呈一个整体，同时翻动。

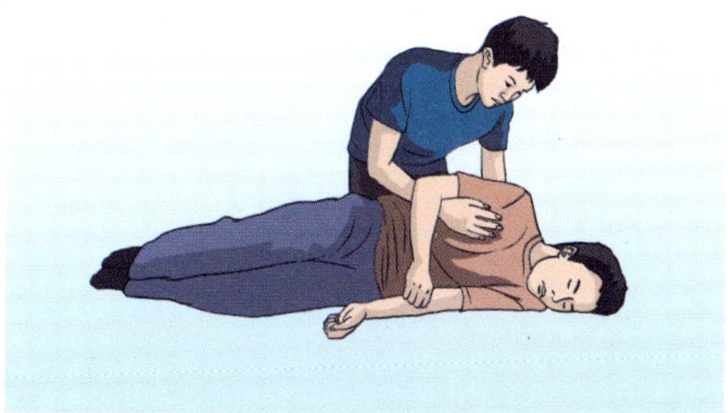

2）保持呼吸道畅通

先将伤员的头部转向一侧，将口内有可能存在的异物如呕吐物、痰液等清理干净，以防堵塞呼吸道。

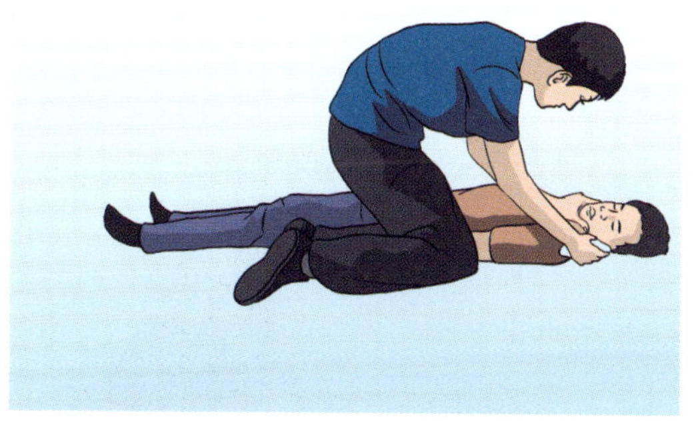

3）胸外心脏按压

（1）按压部位。寻找按压部位的

方法：先将中指定位于双侧肋弓汇合的凹陷处，并将食指与中指合并，将另一只手的手掌贴近第一只手的食指，横放于胸骨上。男性伤员的按压部位可选择双乳头连线中点位置。

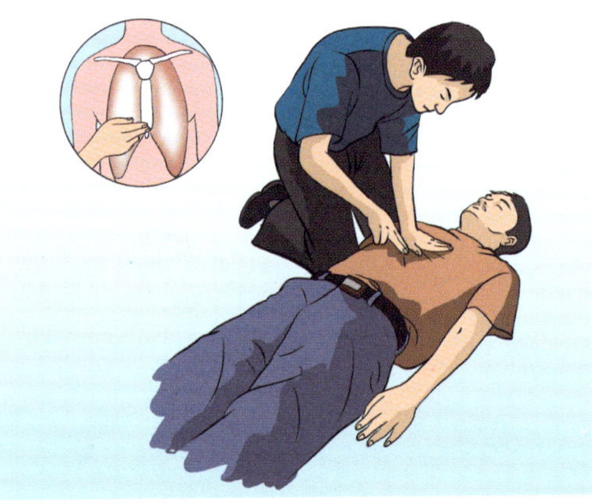

（2）按压方法。救助者双手掌根重叠，十指相扣，掌心翘起，手指离开胸壁，上半身前倾，双臂伸直，垂直向下，用力、有节奏地按压30次。按压与放松的时间相等，手掌根不要抬起离开胸壁，以免改变正确的按压部位。按压深度为胸廓前后径的1/3～1/2，按压频率为100次/min。

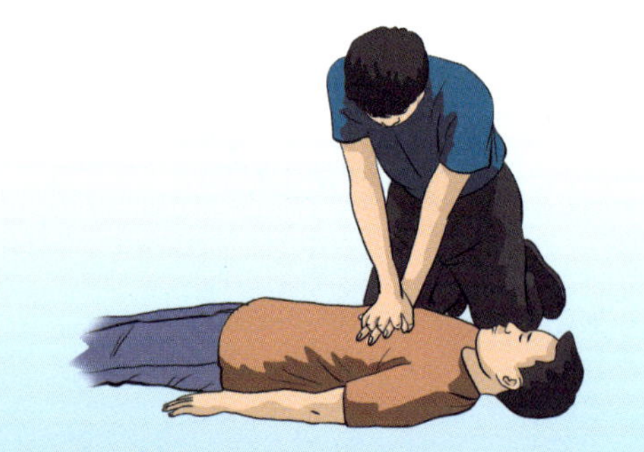

4）口对口人工呼吸

救助者跪于伤员的一侧，用一只手掌边缘压住伤员前额，并向下按，使伤员头部后仰，打开气道（使下颌角与耳垂的连线与地面形成的角度：成人为90°、儿童为60°）。同时用拇指、食指捏住伤员双侧鼻孔，另一只手的食指、中指置于下颌，并将其向上提。救助者深吸一口气，用口唇严密地包住伤员的口唇（注意不要漏气），然后平稳地将气体通过伤员的口腔吹入其肺部。每次吹气要求持续1s以上，不超过2s。吹气量以胸廓隆起为宜，吹气频率：成人为10～12次/min，儿童为12～20次/min。

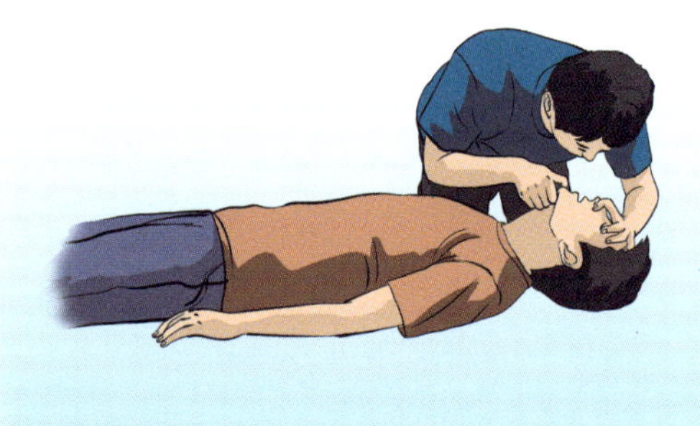

按压呼吸比

胸外心脏按压次数和人工呼吸次数的比例为30：2，即进行30次胸外心脏按压后连续进行2次人工呼吸。

5）检查脉搏和呼吸

每进行5遍30：2的胸外心脏按压和人工呼吸后，对伤员的脉搏和呼吸应按照上述方法进行检查。

6）复原（侧卧）位

当心肺复苏成功，或伤员虽无意识但有呼吸和心跳时，应将其翻转为复原（侧卧）位。

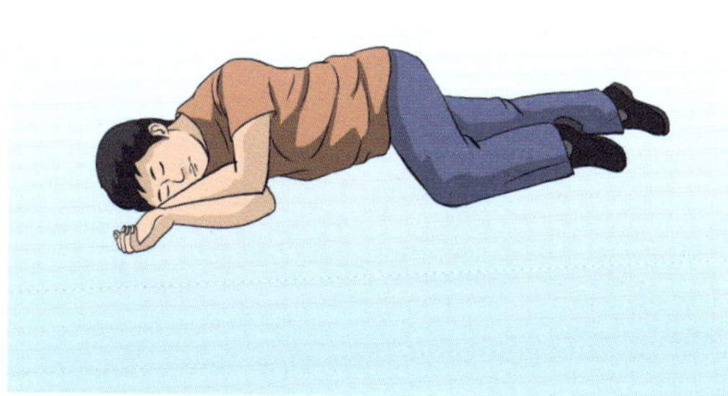

2 指压止血法

用手指压迫伤口近心端的动脉，阻断动脉血运。指压止血法用于出血多的伤口。

操作要点如下：

（1）指压动脉压迫点准确。

（2）压迫力度适中，以伤口不出血为准。

（3）压迫10～15min。

（4）保持伤处肢体抬高。

1 颞浅动脉止血

（1）压迫位置在同侧耳前，位于耳屏上方1.5cm处。

（2）用拇指压迫颞浅动脉止血。

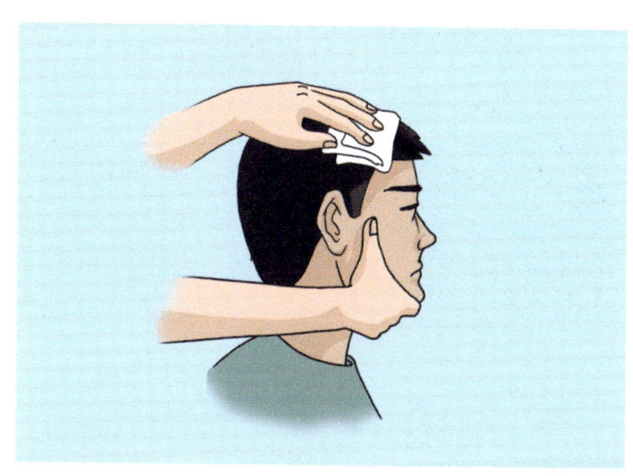

2 肱动脉止血

（1）压迫点位于上臂中段内侧，位置较深。

（2）在上臂中段的内侧摸到肱动脉搏动后，用拇指按压止血。

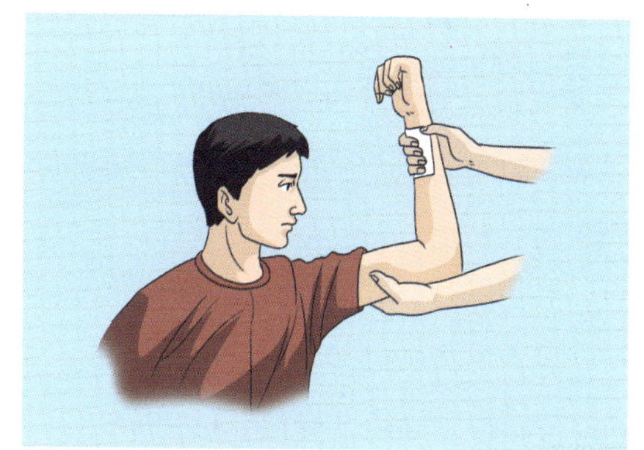

3 股动脉止血

（1）压迫点在腹沟韧带中点偏内侧下方，能摸到股动脉强大搏动。

（2）用拇指或掌根向外上压迫，用于下肢大出血时止血。

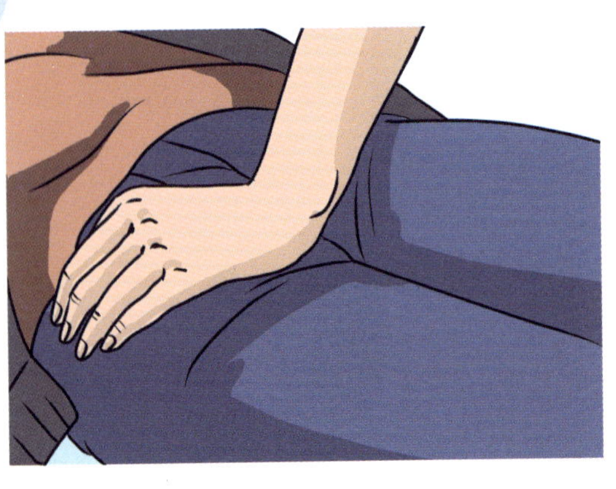

④ 桡、尺动脉止血

（1）压迫点在腕部掌面两侧。

（2）同时按压桡、尺两条动脉止血。

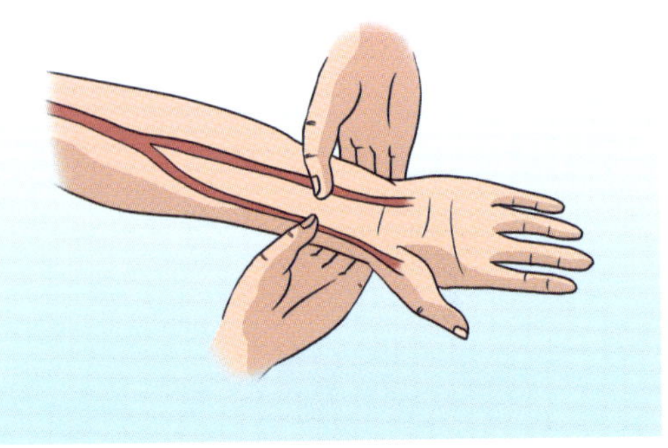

3 加压包扎止血法

用敷料或者其他洁净的毛巾、手绢、三角巾等覆盖伤口，通过加压包扎压迫出血部位进行止血。

操作要点如下：

（1）让伤员处于卧位，抬高上肢，检查伤口处有无异物。

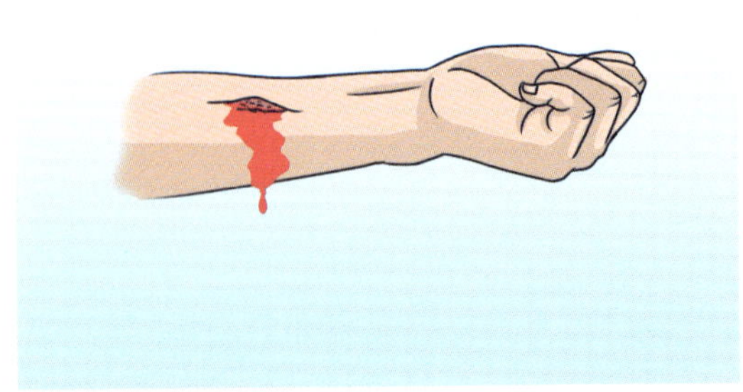

（2）用敷料覆盖伤口，敷料要超过伤口至少3cm。

（3）用手施加压力直接压迫，用绷带、三角巾等包扎。

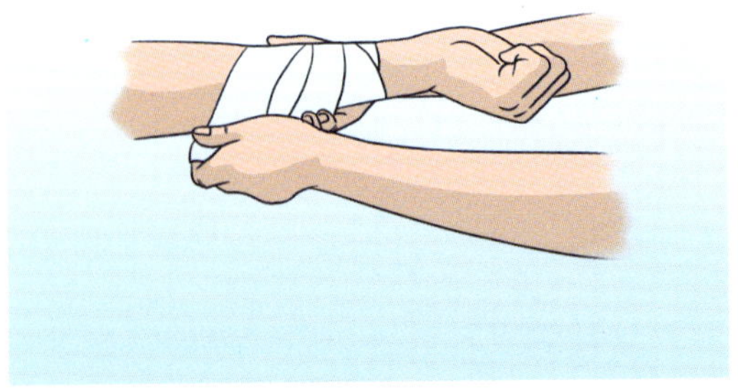

（4）检查包扎后的血液循环情况。

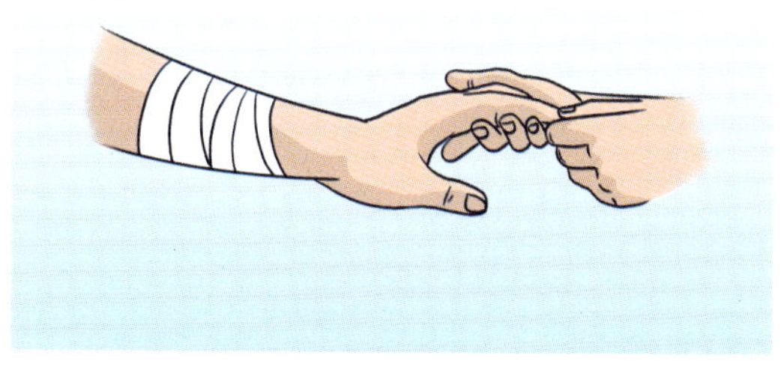

4 加垫屈肢止血法

1 上肢前臂加垫屈肢止血

（1）在肘窝处放置纱布或毛巾、衣物等物。

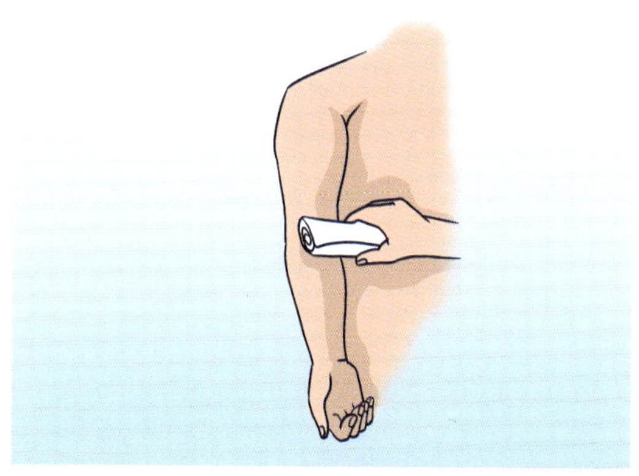

（2）肘关节屈曲，用绷带或三角巾屈肘固定。

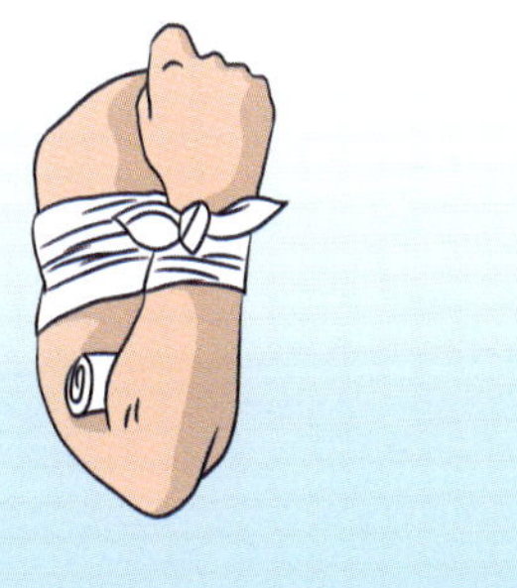

2 上肢上臂加垫屈肢止血

（1）上臂止血，在腋窝加垫。

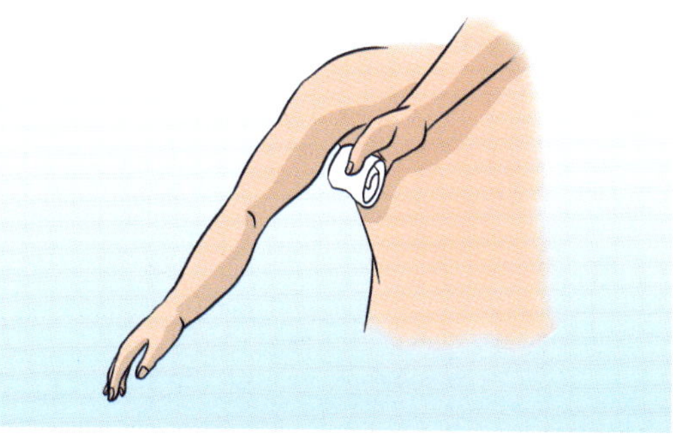

（2）将前臂屈曲于胸前，用绷带或三角巾将上臂固定在胸前。

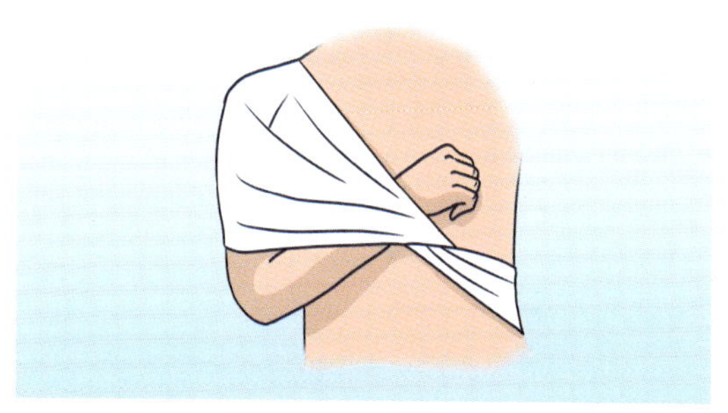

3 下肢小腿加垫屈肢止血

（1）在腘窝处加垫。

（2）膝关节屈曲，用绷带屈膝为固定。

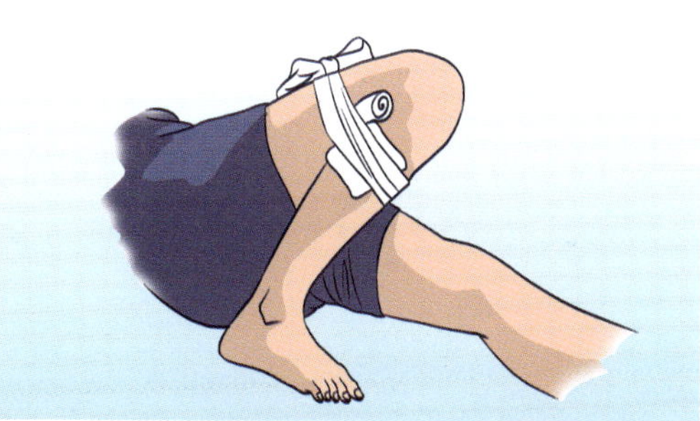

5 绷带包扎法

1 环形法

（1）将伤口用无菌敷料覆盖，用左手将绷带固定在敷料上，右手持绷带卷绕肢体紧密缠绕。

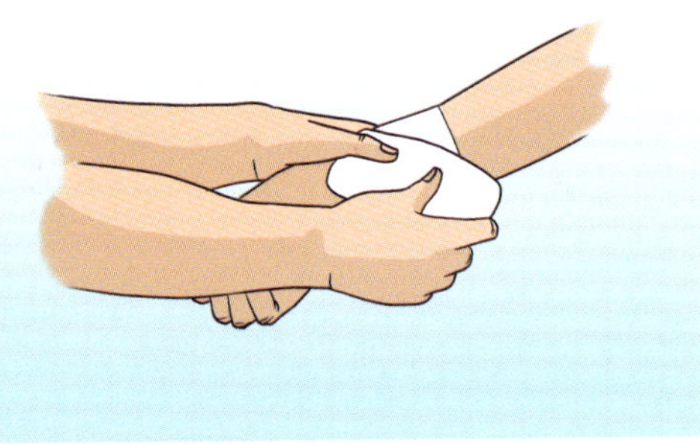

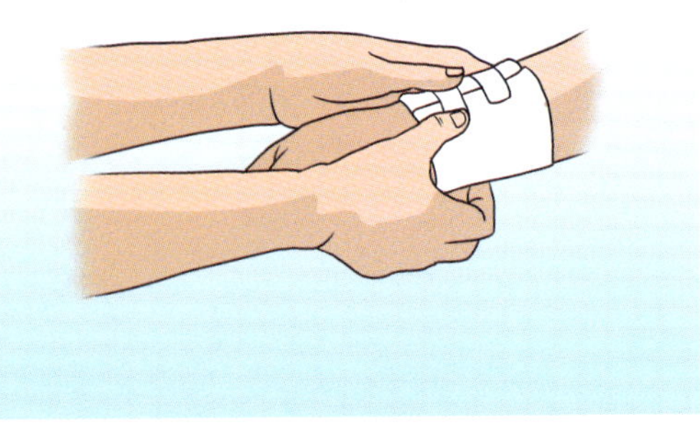

（2）将绷带打开一端稍作斜状，环绕第一圈；将第一圈斜出一角压入环行圈内，环绕第二圈；环形缠绕4～5层，每圈盖住前一圈，绷带缠绕范围要超出敷料边缘。

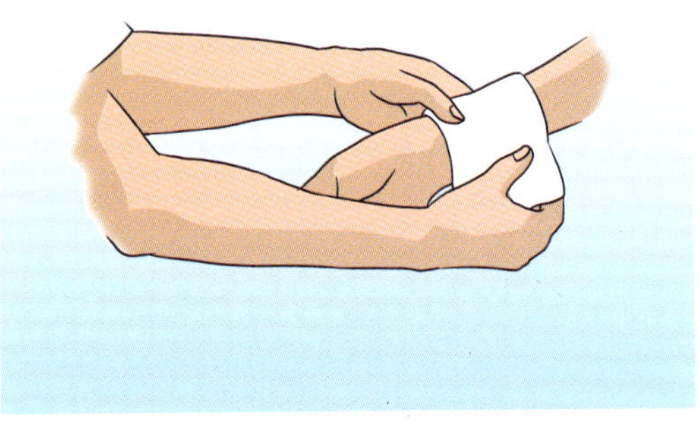

（3）最后用胶布粘贴固定，或将绷带尾从中间纵形剪开形成两个布条，两布条先打一结，然后两布条绕体打结固定。

2 手掌“8”字包扎

（1）用无菌敷料覆盖伤口。

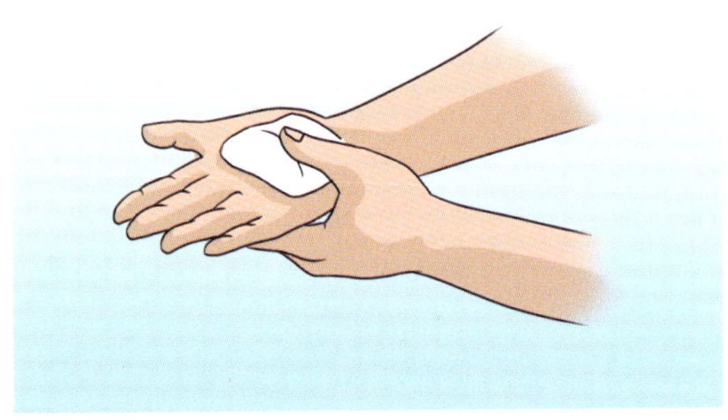

（2）从手腕部开始包扎，先环形缠绕两圈。

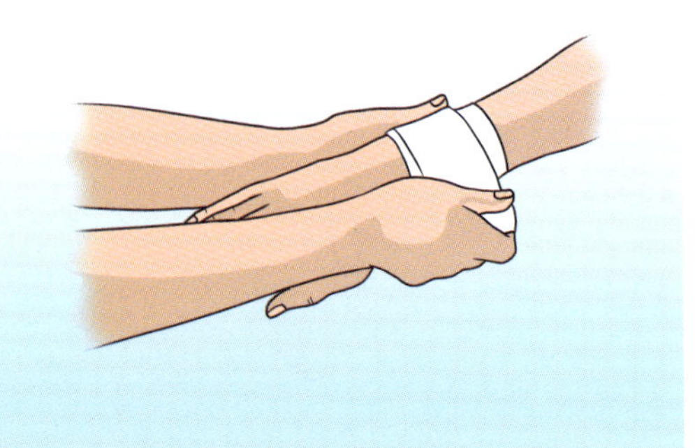

（3）经手和腕进行“8”字形缠绕。

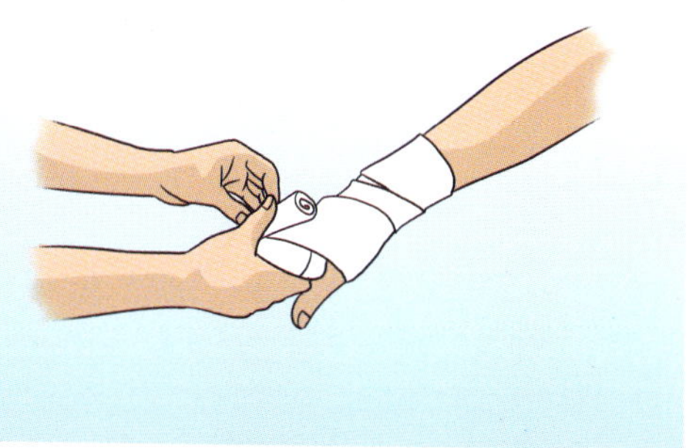

（4）将绷带尾端固定在腕部。

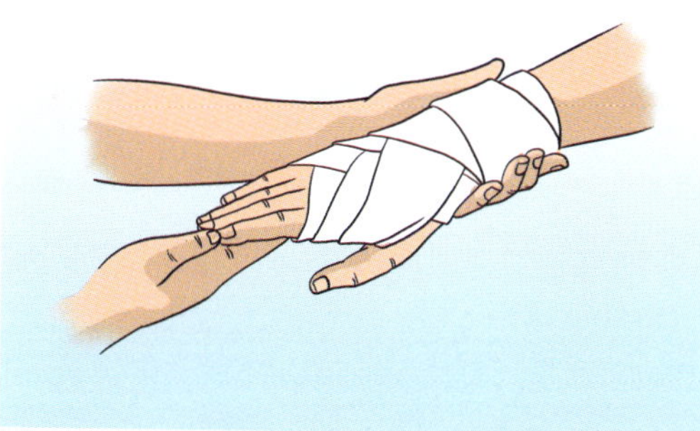

③ 螺旋包扎

（1）用无菌敷料覆盖伤口。

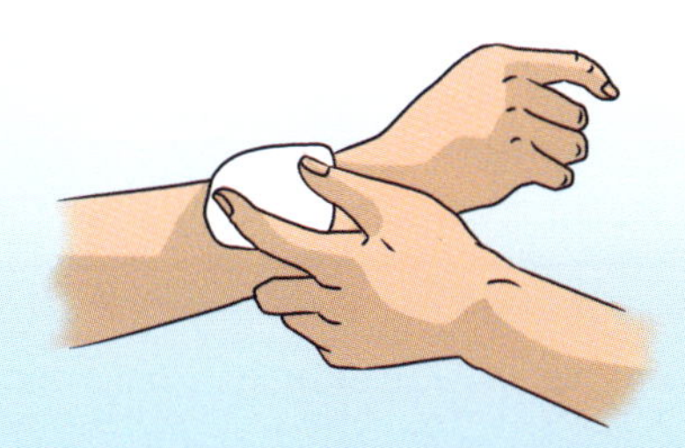

（2）先环形缠绕两圈。

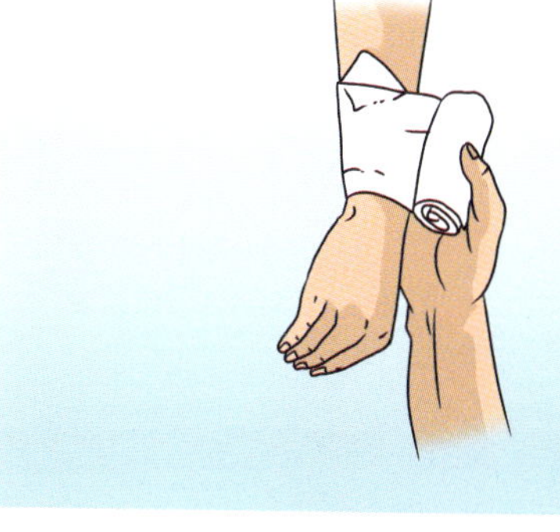

（3）从第三圈开始，环绕时压住上圈的1/2或1/3。

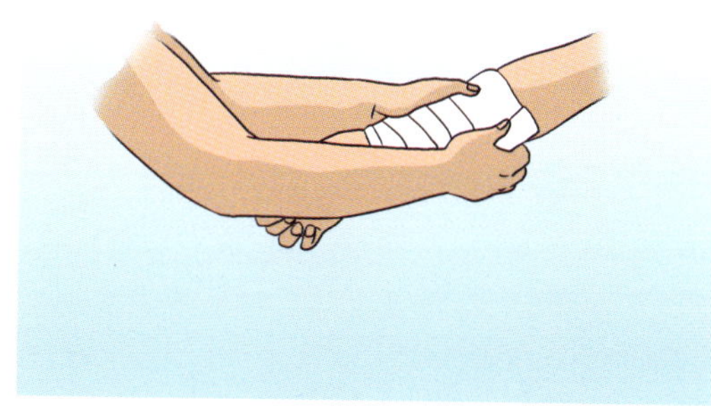

（4）用胶布粘贴固定。

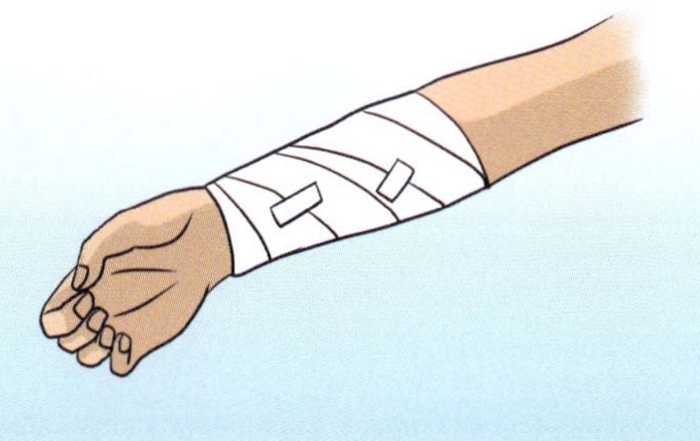

6 三角巾包扎法

1 头顶帽式包扎

（1）将三角巾的底边叠成约两横指宽，边缘置于伤员前额齐眉，顶角向后位于脑后。

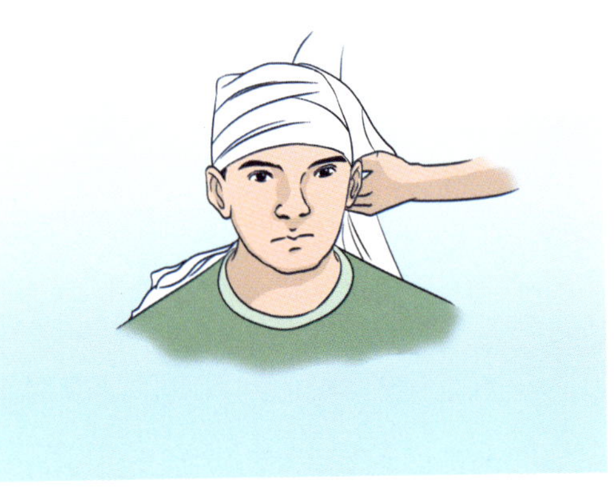

（2）三角巾的两底角经两耳上方拉向头后部交叉并压住顶角，再绕回前额相遇打结。

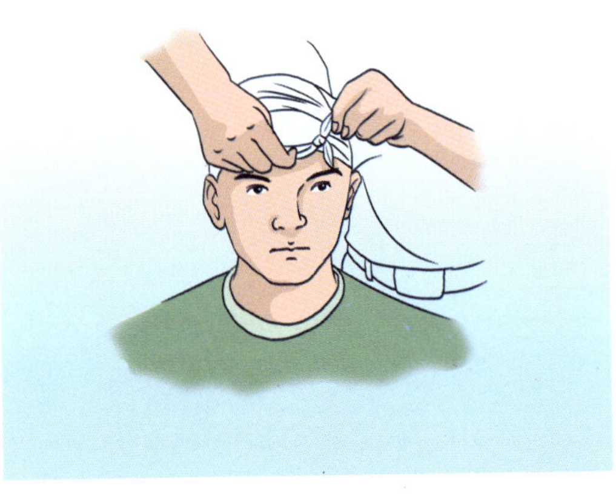

（3）顶角拉近，掖入头后部交叉处内。

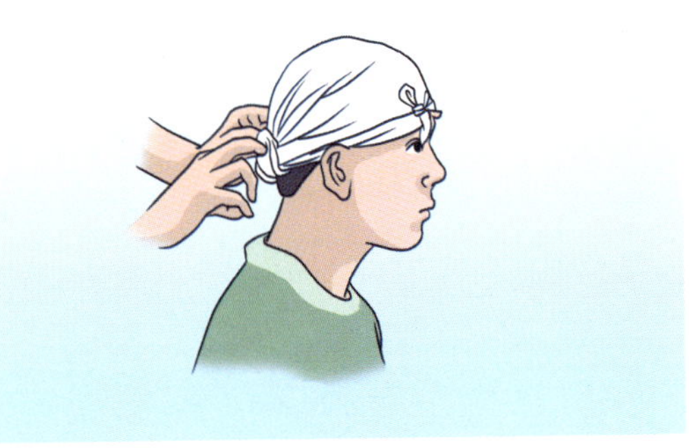

2 肩部包扎

（1）三角巾折叠成燕尾式，燕尾夹角约90°，大片在后压小片，放于肩上。

（2）燕尾夹角对准侧颈部。

（3）燕尾底边两角包绕上肩上部并打结。

（4）拉紧两燕尾角，分别经胸、背部至对侧腋下打结。

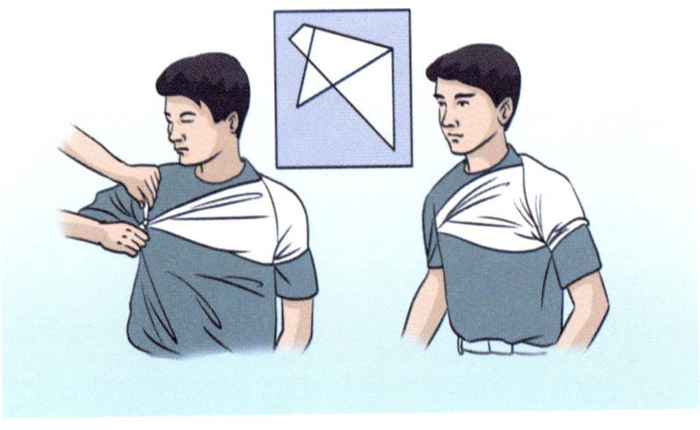

3 胸部包扎

（1）三角巾折叠成燕尾式，燕尾夹角约100°，置于胸前，夹角对准胸骨上凹。

（2）两燕尾角过肩于背后，将燕尾顶角系带，围胸在背后打结。

（3）将一燕尾角系带拉紧绕横带后上提，再与另一燕尾角打结。

（4）背部包扎时，把燕尾巾调到背部即可。

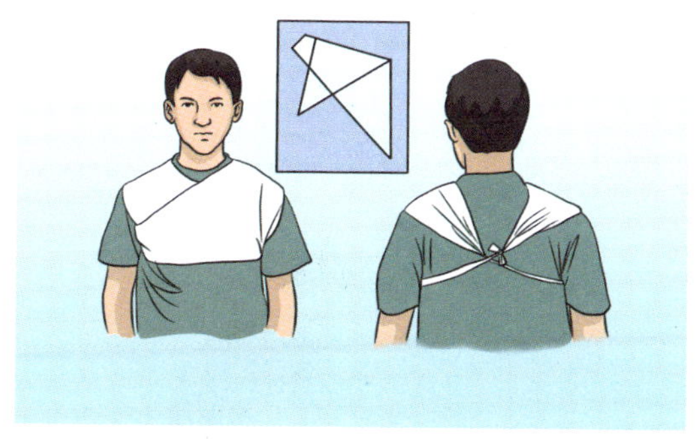

4 腹部包扎

（1）三角巾底边向上，顶角向下横放在腹部。

（2）两底角围绕到腰部后打结。

（3）顶角由两腿间拉向后面与两底角连接处打结。

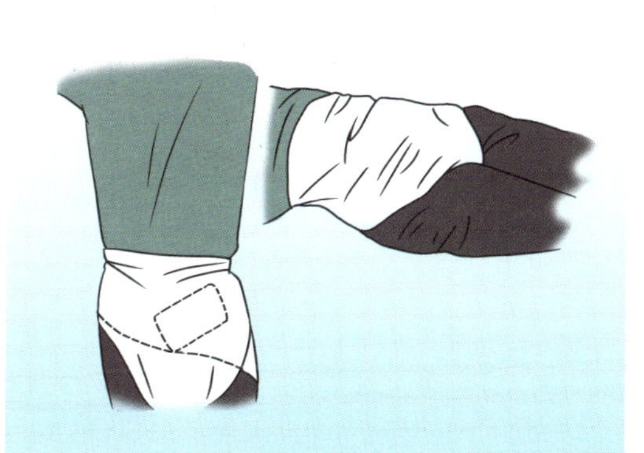

7 骨折固定法

1 前部骨折固定

（1）将上肢轻放于功能位。

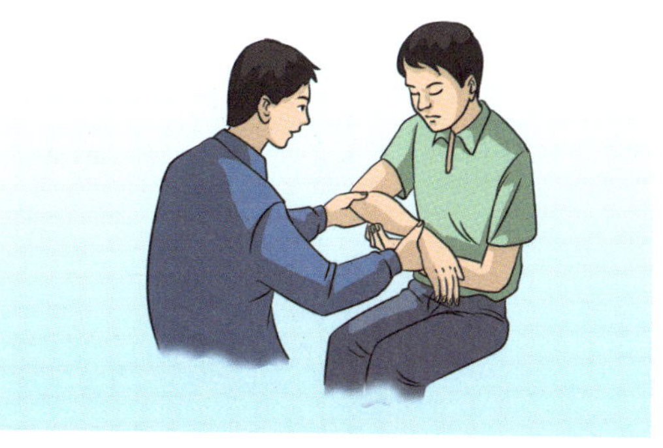

（2）置夹板超过肘腕关节，并在骨突出处加垫。

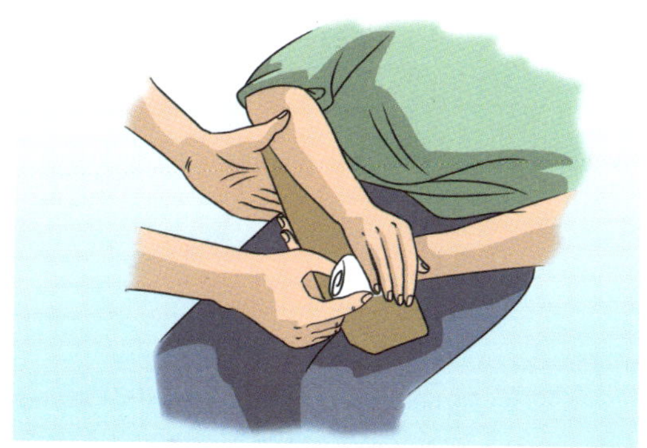

（3）先固定骨折部位上端，再固定骨折部位下端。

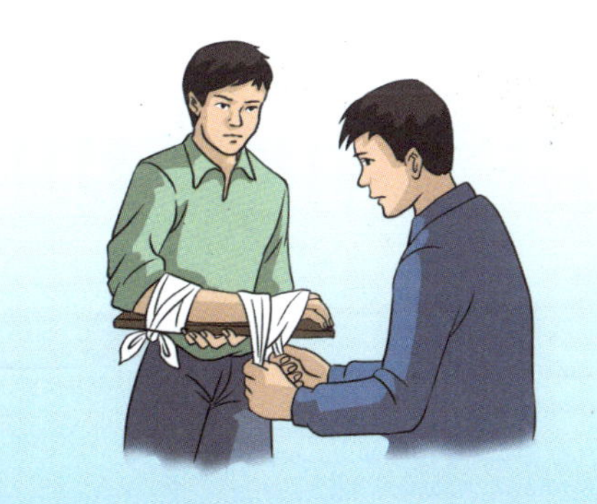

（4）检查末梢血液循环情况。

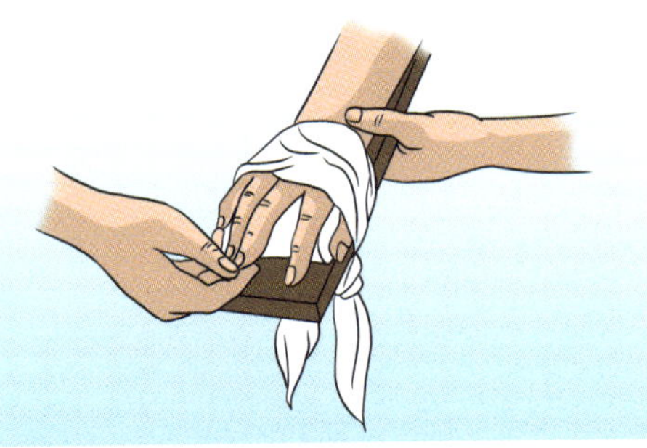

（5）用大悬臂带悬吊前臂。

2 下肢骨折固定

（1）轻轻抬起伤肢与健康肢并拢。

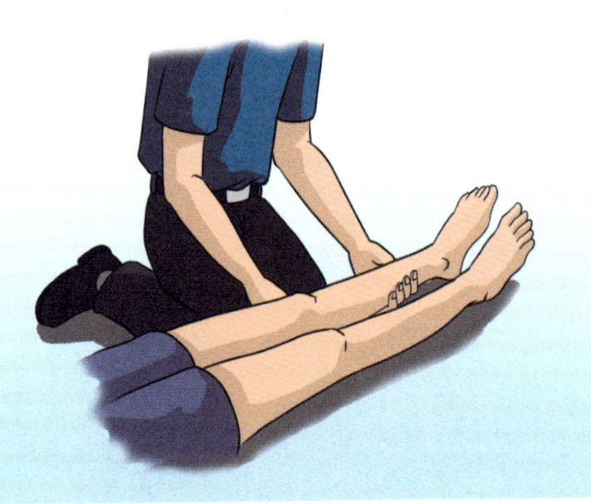

（2）放好宽布带，双下肢中间加厚垫。

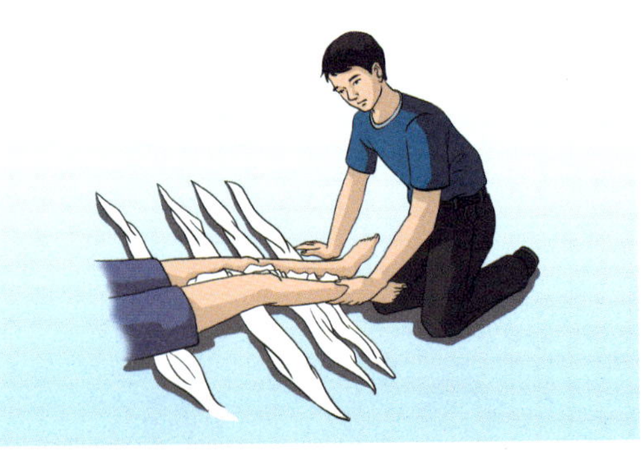

（3）自上而下打结固定。

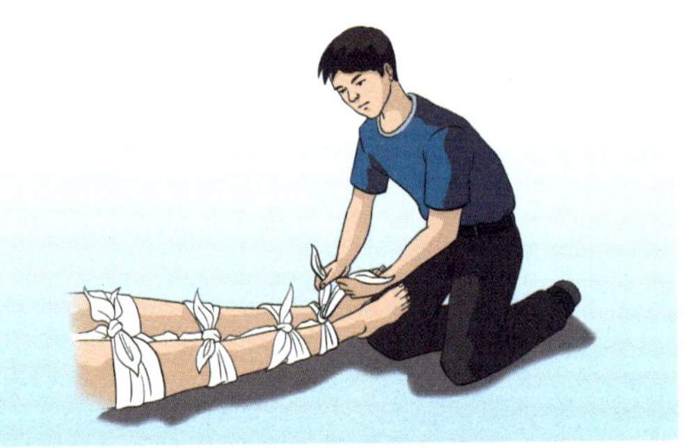

（4）检查肢体末端血液循环情况。

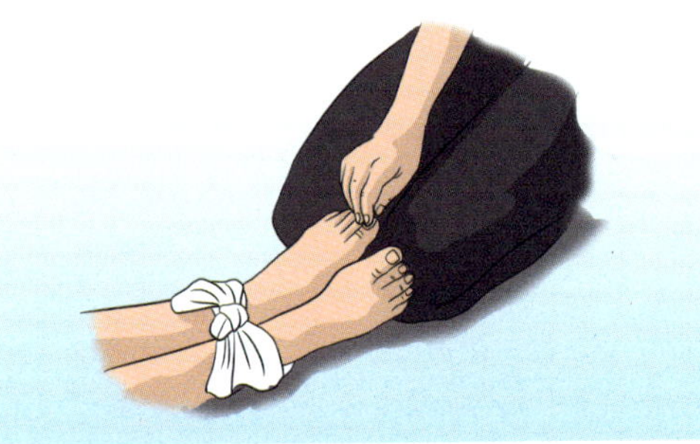

（5）双踝关节“8” 字形固定。

第六章 汽车使用技术

第一节 汽车维护基本知识

教学目标：

1. 了解汽车维护的作用、要求和分类；
2. 掌握汽车日常维护作业内容。

汽车维护是为维持汽车完好技术状况或工作能力而进行的作业。道路运输车辆的技术状况是直接影响道路运输安全、节能、环保的重要因素。对道路运输车辆定期进行维护和检测，既是确保车辆符合国家技术法规的重要保证，又是保障运行安全的重要措施。交通运输部颁布实施的《道路旅客运输及客运站管理规定》、《道路货物运输及站场管理规定》和《道路危险货物运输管理规定》等部令，对道路运输车辆管理提出了新的要求，特别强调对道路运输车辆实行定期维护制度，执行《汽车维护、检测、诊断技术规范》（GB/T 18344）标准。

一 汽车维护的分类

汽车维护分为日常维护、一级维护和二级维护三级。

汽车日常维护作业的基本内容如下：

（1）对汽车外观、发动机外表进行清洁，保持车容整洁。

（2）对汽车各部件润滑油（脂）、燃油、冷却液、制动液、各种工作介质、轮胎气压进行检视补给。

（3）对汽车制动、转向、传动、悬

架、灯光、信号等安全部位和位置以及发动机运转状态进行检视、校紧，确保行程安全。

汽车维护分类

类　别	定　义
日常维护	日常维护指以清洁、补给和安全检视为作业中心内容，由驾驶员在每日出车前、行车中、收车后负责执行的车辆维护作业
一级维护	一级维护指除日常维护作业外，以清洁、润滑、紧固为作业中心内容，并检查有关制动、操纵等安全部件，由维修企业负责执行的车辆维护作业
二级维护	二级维护指除一级维护作业外，以检查和调整转向节、转向摇臂、制动蹄片、悬架等经过一定时间的使用容易磨损或变形的安全部件为主，并拆检轮胎，进行轮胎换位，检查调整发动机工作状况和排气污染控制装置等，由维修企业负责执行的车辆维护作业

二　道路运输车辆维护的相关规定

（1）各级交通行政主管部门归口管理辖区内道路运输车辆的维护管理工作，各级道路运输管理机构负责组织实施。

（2）道路运输经营业户和道路运输驾驶员，必须按国家或行业有关标准规定的行驶里程或间隔时间，对车辆进行维护作业，进口车辆及特种车辆按出厂说明书的规定执行。

（3）道路运输经营业户可以自主选择经道路运输管理机构资质认定的二类以上的汽车维修企业进行维护作业。危险品运输车辆必须到具备危险品运输车辆修理条件的维修企业进行维护作业。

（4）经道路运输管理机构资质认定，达到二类以上汽车维修企业开业条件的道路运输经营业户，可以对本单位的车辆进行维护作业。

（5）凡从事道路运输车辆维护作业的维修企业，应遵守国家有关法规、标准，按规定的作业规范或说明书进行作业，不得漏项或减项作业。

（6）维修企业实行车辆维修合同制，承修方与托修方应签定维修合同，并实行竣工上线检测制度、出厂合格证制度和质量保证期制度。

（7）道路运输经营业户必须按国家有关规定执行车辆维护制度，并加强管理。车辆的二级维护由各级道路运输管

理机构负责监督管理。

（8）车辆二级维护出厂前，须进行竣工检测，并由维修企业的质量检验员审验合格后，签发出厂合格证。维修企业应开据统一规定的汽车维修项目、费用清单和结算凭证。

（9）道路运输经营业户应持出厂合格证到当地道路运输管理机构审核备案。实行了计算机联网的地区，应实现车辆技术管理及信息传递的自动化。

（10）从事驻在运输超过三个月的车辆，车主应持车籍地道路运输管理机构的委托书，纳入驻在地车辆维护的管理。

（11）对车辆二级维护执行情况的监督应在车站、货场和车辆所属道路运输经营业户驻地进行。对达到二级维护里程或间隔时间的车辆，道路运输经营业户应自觉按时维护，道路运输管理机构要及时督促道路运输经营业户按时维护。

（12）道路运输经营业户年度审验时应出示车辆二级维护出厂合格证（已审核备案的除外）。

第二节　道路运输车辆技术要求

教学目标：

1. 了解道路运输车辆综合性能及检测要求；
2. 了解道路运输车辆外廓尺寸、轴荷及质量限值的要求；
3. 了解道路运输车辆燃料消耗量检测的有关内容；
4. 了解道路运输车辆改装管理的有关规定。

一　道路运输车辆综合性能及检测要求

道路运输车辆综合性能及检测要求必须符合《营运车辆综合性能要求和检验方法》（GB 18565）的相关规定。道路运输车辆具备良好的综合性能是确保安全运营的基本条件。

1　整车装备基本要求

整车装备应齐全、完好、有效，各连接部件紧固完好。车体应周正，车体外缘左右对称部位（在离地高1.5m内测量）高度差不得大于40mm；左右轴距不得大于轴距的0.15%。道路运输车辆的

车顶、车门、车身、风窗玻璃等部分的标识应统一，齐全有效，并符合有关规定。车辆的结构不得任意改造。

2 发动机性能要求

（1）发动机应具备良好的起动性能，应能由驾驶员在驾驶座位上起动，当车辆置于：汽油发动机在不低于零下5℃，柴油发动机在不低于5℃条件下，用起动机起动时，应在3次起动中至少有1次可在5s内起动，在做重复起动试验时，每次间隔2min。

（2）发动机点火、燃料供给、润滑、冷却和排气等系统的机件应齐全，性能良好。柴油发动机的停机装置必须灵活有效。

（3）在车辆运行过程中，发动机要求运转平稳，怠速稳定，且无异响，运转和加速时不得有“回火放炮”现象。

3 传动系统要求

（1）离合器踏板自由行程应符合原厂规定的该车技术条件的有关要求。离合器踏板力应不大于300N。

（2）离合器应接合平稳，分离彻底，工作时不得有异响、抖动和不正常打滑等现象。

（3）变速器和分动器，换挡时齿轮啮合灵便，互锁、自锁、倒挡锁装置有效，不得有乱挡和自动跳挡现象，换挡时变速杆不得与其他部件干涉。运行中无异响。

（4）传动轴在运转时不得发生振抖和异响，中间轴承和万向节不得有裂纹和松旷现象。驱动桥工作应正常且无异响。

4 行驶系统要求

（1）轮胎的磨损：挂车胎冠上花纹深度不得小于1.6mm；其他车辆转向轮的胎冠花纹深度不得小于3.2mm，其余轮胎胎冠花纹深度不得小于1.6mm。

（2）轮胎胎面不得有因局部磨损而暴露出轮胎帘布层。轮胎的胎面和胎壁上不得有长度超过25mm或深度足以暴露出轮胎帘布层的破裂和割伤痕迹。

（3）同一轴上轮胎规格和花纹应相同，轮胎规格应符合车辆出厂时的规定，同一轴上轮胎外径的磨损程度应大体一致。

（4）汽车装用的轮胎应与其最大设计车速相适应；转向轮不得装用翻新的轮胎。

（5）轮胎负荷不应超过该轮胎的额定负荷，轮胎的充气压力应符合该轮胎承受负荷时规定的压力。

（6）最大设计车速超过120km/h的车辆，其车轮应做动平衡，并应符合有关技术要求。

（7）轮胎螺母和半轴螺母应完整齐全，并应按规定力矩紧固。

（8）车轮总成的横向摆动量和径向跳动量：总质量小于或等于4500kg的汽车不得大于5mm；其他车辆不得大于8mm。

（9）钢板弹簧不得有裂纹和断片现象，其弹簧形式和规格应符合产品使用说明书的规定；中心螺栓和U形螺栓应紧固。

（10）减振器应齐全有效；前、后桥不得有变形和裂纹；车桥与悬架之间的各种拉杆和导杆不得变形，各接头和衬套不得松旷和移位。

5 转向系统要求

（1）最大设计车速大于或等于100km/h的汽车，转向盘的最大自由转动量不超过20°；最大设计车速小于100km/h的汽车，转向盘的最大自由转动量不超过30°。

（2）转向轮转向后应能自动回正，在平坦、硬实、干燥和清洁的道路上行驶不得跑偏，其转向盘不得有摆振或其他异常现象。转向盘应转动灵活，操纵方便，无阻滞现象。车轮转向过程中不得与其他部件有干涉现象。

（3）汽车应具有适度的不足转向特性，以使其具有正常的操纵稳定性。转向节及臂，转向横、直拉杆及球销应无裂纹和损伤，并且球销不得松旷。对车辆进行改装或修理时，横直拉杆不得拼焊。

6 制动系统要求

（1）车辆应具有行车制动、应急制动和驻车制动功能。

（2）行车制动系统制动踏板的自由行程应符合该车原厂规定的有关技术条件。

（3）行车制动在产生最大制动作用时的踏板力，对于座位数小于或等于9的载客汽车应不大于500N，对于其他车辆应不大于700N。

（4）液压行车制动在达到规定的制动效能时，踏板行程（包括空行程，下同）不得超过全行程的3/4；制动器装有自动调节间隙装置的车辆的踏板行程不得超过全行程的4/5，且其座位数小于或等于9的载客汽车踏板行程不得超过120mm，其他类型车辆不得超过150mm。

（5）驻车制动应能使车辆在即使没有驾驶员的情况下，也能停在上、下坡道上。驾驶员必须在座位上就可以实现驻车制动。施加于驻车制动操纵装置的力应满足：手操纵时，座位数小于或等于9的载客汽车应不大于400N，其他车辆应不大于600N；脚操纵时，座位数小于或等于9的载客汽车应不大于500N，其他车辆应不大于700N。

（6）驻车制动操纵装置必须有足够的储备行程，一般应在操纵装置全行程

的2/3以内产生规定的制动性能，驻车制动机构装有自动调节装置时，允许在全行程的3/4以内达到规定的制动效能。棘轮式制动操纵装置应保证在达到规定驻车制动效能时，操纵杆往复拉动的次数不得超过3次。驻车制动应通过纯机械装置把工作部件锁止。不允许利用液压、气压或电力驱动来获得规定的驻车制动效能。

（7）气压制动系统必须装有限压装置，确保储气筒内气压不超过允许的最高气压。采用气压制动系统的车辆，发动机在75%的额定功率转速下，4min（汽车列车为6min，城市铰接公共汽车和无轨电车为8min）内气压表的指示气压应从零开始升至起步气压（未标起步气压的，按400kPa计）。

（8）车辆的行车制动必须采用双管路或多管路。车辆运行过程中，不应有自行制动现象。当挂车与牵引车意外脱离后，挂车应能自行制动，牵引车的制动仍然有效。

（9）车辆安装防抱制动装置的要求按GB 12676中的规定；制动系统故障报警装置应完好有效。

7 电气设备要求

（1）汽车的灯具应安装牢靠，完好有效，不得因车辆振动而松脱、损坏，失去作用或改变光照方向；所有灯光的开关应安装牢固、开关自如，不得因车辆振动而自行开关；所有前照灯的近光都不得炫目。

（2）汽车和挂车的外部照明和信号装置的数量、位置、光色、最小几何可见角度等应符合GB 4785的有关规定。全挂车应在挂车前部的左右各装一只红色标志灯，其高度应比全挂车的前栏板高出300～400mm，距车箱外侧应小于150mm。

（3）车辆应装置后回复反射器，车长大于10m的车辆应安装侧回复反射器，汽车列车应装有侧回复反射器。回复反射器应能保证夜间在其正面前方150m处用汽车前照灯照射时，在照射位置就能确认其反射光。

（4）装有前照灯的车辆应有远近光变换装置，并且当远光变为近光时，所有的远光应同时熄灭。同一辆车上的前照灯不允许左、右的远、近灯光交叉开亮。车辆的前位灯、后位灯、示廓灯、挂车标志灯、号牌灯和仪表灯应能同时启闭，当前照灯关闭和发动机熄火时仍能点亮。

（5）车辆应安装一只或两只后雾灯，只有当远光灯、近光灯或前雾灯打开时，后雾灯才能打开。后雾灯可以独立于任何其他灯而关闭。后雾灯可以连续工作，直至位置灯关闭时为止，之后一直处于关闭状态，直至再次打开。车辆（挂车除外）可以选装前雾灯。空载高为3m以上的车辆应安装示廓灯。

（6）车辆应装有危险报警闪光灯，其操纵装置应不受电源总开关的控制。危险报警闪光灯和转向信号灯的闪光频率为1.5Hz±0.5Hz；起动时间应不大于1.5s。

（7）汽车及挂车均应安装侧转向灯，若汽车前转向灯在侧面可见时则视为满足要求。铰接式车辆每一刚性单元必须装有至少一对侧转向灯。

（8）车辆仪表板上应设置与行驶方向相适应的转向指示信号和蓝色远光指示信号灯。另外，仪表板上还应设置仪表灯。仪表灯点亮时，应能照清仪表板上所有仪表并不得炫目。

（9）各种客车应设置车厢灯和门灯。车长大于6m的客车应至少有两条车厢照明电路，仅用于进出口处的照明电路可作为其中之一。当一条电路失效时，另一条应能正常工作，以保证车内照明，但不得影响驾驶员的视线和其他机动车的正常行驶。

（10）车辆照明和信号装置的任一条线路出现故障，不得干扰其他线路的正常工作。

（11）车辆前、后转向信号灯、危险报警闪光灯及制动灯白天距100m可见，侧转向信号灯白天距30m可见；前、后位置灯、示廓灯和挂车标志灯夜间好天气距300m可见；后号牌灯夜间好天气距20m能看清号牌号码。制动灯的亮度应明显大于后位灯。

（12）车长大于6m的客车应设置电源总开关，分线路保险完善的客车除外。

（13）车速里程表、冷却液温度表、机油压力表、电流表、燃油表、气压表等各种仪表和信号装置应齐全有效。

（14）发电机技术性能应良好。蓄电池应保持常态电压。所有电气导线应捆扎成束、布置整齐、固定卡紧、接头牢固，并有绝缘套，在导线穿越孔洞时需设绝缘套管。

8 车身要求

（1）车身和驾驶室的技术状况应能保证驾驶员有正常的工作条件和客货安全。

（2）车身和驾驶室应坚固耐用，车架、车身与驾驶室不得有开裂、锈蚀和明显变形，螺栓和铆钉不得缺少或松动，车身与车架的连接应安装牢固。

（3）货箱的栏板和地板应平整；客车车身与地板应密合，应有防止发动机废气进入车厢内部的有效措施。地板和座椅应具有足够的强度，座椅和扶手应安装牢固可靠。乘客座椅间距不得采用沿滑道纵向调整的结构。

（4）车身外部和内部都不应有任何

可能使人致伤的尖锐凸起物。

（5）驾驶室和乘客舱所有内饰材料应具有阻燃性。

（6）车门和车窗的相关要求：

①车门和车窗应启闭轻便，不得有自行开启现象，锁止可靠，玻璃升降器应完好。

②采用动力启闭的乘客门在有故障的情况下，应仍能简便地靠手动来开关。在紧急情况下，当车辆静止、且车门未锁时，每扇动力启闭乘客门不论是否有动力供应，都能通过控制器从车内或车外开启。此控制器应有明显标志，易于识别，且安装在便于操作、确保安全的地方。应设发光或音响信号装置，以便在乘客门未完全关闭时告知驾驶员。此信号装置可用于一个或数个乘客门。每扇动力启闭乘客门的结构和控制系统应做到乘客不会被门伤害或夹住。对开式折叠乘客门，应在可能夹住乘客的门边缘全长上安装总宽度至少为40mm的橡胶密封条。

③车辆的门窗应使用安全玻璃，前风窗玻璃应采用夹层玻璃或部分区域钢化玻璃，其他车窗可采用钢化玻璃。

（7）驾驶室必须保证驾驶员的前方视野和侧方视野。车窗玻璃不允许张贴妨碍驾驶员视野的附加物及镜面反光遮阳膜。

（8）前风窗玻璃应装备刮水器。刮水器应能正常工作，刮水器关闭时刮片应能自动返回至初始位置。

（9）安全出口的相关要求：

①车长大于6m的客车，如车身右侧仅有一个乘客上下的车门时，应设置安全门或安全窗。卧铺客车应设置车顶安全出口。其卧铺布置为上、下双层时，侧窗布置应为上下双排。使用安全门时应保证不用其他器具即可将其向外推开。安全出口的数量及位置应符合有关规定。

②安全门应满足下列要求：

- 安全门的净高不得小于1250mm，净宽不得小于550mm；
- 门铰链应在门前端，向外开启角度应不小于100°，并能在此角度下保持开启，同时设有开启报警装置；
- 通向安全门的通道宽度应不小于300mm，不足300mm时，允许采用迅速翻转座椅等方法加宽通道；
- 车内外应设应急开门把手，车外把手距地面高度应不大于1800mm；
- 关闭时应能锁止；
- 在安全门或安全窗处应有醒目的红色标志和操纵方法，字体高度应不小于20mm。

③安全窗应满足下列要求：

- 安全窗和安全顶窗的面积应

不小于$3\times10^5mm^2$，且能内接一个400mm×600mm的椭圆；车辆后端面的安全窗的面积应不小于$4\times10^5mm^2$，且能内接一个500mm×700mm的矩形；

- 安全窗应易于向外推开或用手锤击破玻璃，在其附近应备有便于取用的击碎出口玻璃的专用工具。

（10）车长大于6m的客车同方向座椅的座间距不得小于650mm，面对面座椅的座间距不得小于1200mm。

（11）中级、中级以上车长大于或等于9m的营运客车和卧铺客车车身顶部不得设置行李架，应设置符合有关标准要求的行李舱。其他客车需设置车外顶行李架时，其顶架载荷按每个乘客10kg行李核定，且行李架长度不得超过车长的1/3。

（12）车长大于6m的客车应设置乘客通道，通道距地板上平面700mm以下范围内的通道宽度应不小于300mm；700mm以上的通道宽度应不小于450mm。营运客车通道中不准设置供乘客使用的折叠式座椅。

（13）车长大于6m的客车的乘客门的一级踏步高应不大于400mm；若采用钢板悬架，则后乘客门的一级踏步高不得大于430mm。车长大于6m的长途客车和旅游客车乘客门的一级踏步高应不大于430mm。

（14）挂车后轮应装有挡泥板，其他车辆的所有车轮均应有挡泥板。

9 安全防护装置要求

（1）汽车安全带的相关要求：

①座位数小于或等于20（含驾驶员座椅，下同）或者车长小于或等于6m的载客汽车和最大设计车速大于100km/h的载货汽车和牵引车的前排座位必须装置汽车安全带。长途客车和旅游客车的驾驶员座椅及前面没有座椅或护栏的座椅应安装汽车安全带。安全带应有认证标志。

②卧铺客车的每个铺位均应安装两点式汽车安全带。

③汽车安全带应可靠有效，安装位置应合理，固定点应有足够的强度。

（2）车内外后视镜和前下视镜的相关要求：

①汽车（挂车除外）必须在左右各设置一面后视镜；车长大于6m的平头客车和平头载货汽车车前应设置一面下视镜。客车驾驶室内应设置一面内后视镜。

②外后视镜的安装位置和角度应保证看清车身左右外侧、车后50m以内的交通情况。前下视镜应能看清风窗玻璃前下方长1.5m、宽3m范围内的情况。

③车内外后视镜和前下视镜应易于调节，并能有效保持其位置。

④安装在外侧距地面1800mm以下的后视镜，当行人等接触该镜时，应具有能缓和冲击的功能。

（3）驾驶室内应设置防止阳光直射而使驾驶员产生炫目的装置，且该装置在车辆碰撞时，不应对驾驶员造成伤害。

（4）在寒冷地区营运的车辆的前风窗玻璃应装有除雾、除霜装置。

（5）客车车内空气调节的相关要求：

①空调系统应具有制冷或采暖功能，并应运转正常。不允许采用直通式采暖方式。

②应设有通风换气装置。

③燃烧式采暖系统和利用排气余热的采暖系统应设置有害气体安全报警装置。

（6）燃油系统安全保护的相关要求：

①燃油箱及燃油管路应坚固牢靠，不致因振动和冲击而发生损坏和漏油现象。

②车厢内不允许装设燃油供给系统。

③燃油箱的加油口及通气口应保证在车辆晃动时不漏油。

④车长大于6m的客车燃油箱距客车前端面应不小于600mm，距客车后端面应不小于300mm。不允许用户加装燃油箱。

⑤燃油箱的通气口和加油口不得在有站席和座席的车厢内开口。

（7）车辆发动机的排气管不得指向车身的右侧，排气口至燃油箱的距离不得小于500mm，客车的排气口应伸出车身外蒙皮。

（8）车身小于或等于6m的载客汽车前后都应设置保险杠，载货汽车应设置前保险杠。

（9）汽车和挂车侧面及后下部防护装置的相关要求：

①总质量大于3500kg的载货汽车和挂车两侧必须装备侧面防护装置，但本身结构已能防止行人和骑车人等卷入的汽车和挂车除外。

②除牵引车和长货挂车以外的汽车及挂车，空载状态下其车身或无车身底盘总成的后端离地间隙大于700mm时，必须装备能有效防止其他机动车和非机动车等从车辆后下方嵌入的防护装置。

（10）载货汽车车箱前部应安装比驾驶室高70～100mm的安全架（自卸车、载质量1000kg以下的载货汽车除外）。

（11）驾驶员和货物同在一个车厢内的厢式车前排座椅的后方应安装安全架。

（12）营运车辆应装备与其相适应的有效灭火装置，灭火装置应安装牢靠并便于取用。

二 道路运输车辆外廓尺寸、轴荷及质量限值要求

道路运输车辆的外廓尺寸、轴荷及质量限值必须符合《道路车辆外廓尺寸、轴荷及质量限值》（GB 1589）的相关规定。

1 车辆外廓尺寸要求

❶ 车辆外廓尺寸限值

汽车、挂车及汽车列车的外廓尺寸应不超过规定最大限值。

汽车、挂车及汽车列车外廓尺寸的最大限值（单位：mm）

<table>
<tr><th colspan="4">车辆类型</th><th>车长①</th><th>车宽</th><th>车高</th></tr>
<tr><td rowspan="10">汽车</td><td colspan="3">三轮汽车②、③</td><td>4600</td><td>1600</td><td>2000</td></tr>
<tr><td rowspan="9">货车⑤、⑥及半挂牵引车</td><td colspan="2">最高设计车速小于70kg/h的四轮货车④</td><td>6000</td><td>2000</td><td>2500</td></tr>
<tr><td rowspan="4">二轴</td><td>最大设计总质量≤3500kg</td><td>6000</td><td rowspan="6">2500⑧</td><td rowspan="6">4000</td></tr>
<tr><td>最大设计总质量>3500 kg，且≤8000 kg</td><td>7000⑦</td></tr>
<tr><td>最大设计总质量>8000 kg，且≤12000 kg</td><td>8000⑦</td></tr>
<tr><td>最大设计总质量>12000 kg</td><td>9000⑦</td></tr>
<tr><td rowspan="2">三轴</td><td>最大设计总质量≤20000 kg</td><td>11000</td></tr>
<tr><td>最大设计总质量>20000 kg</td><td>12000</td></tr>
<tr><td colspan="2">四轴</td><td>12000</td><td rowspan="4">2500⑧</td><td rowspan="4">4000⑨</td></tr>
<tr><td rowspan="7">挂车</td><td rowspan="3">乘用车及客车</td><td colspan="2">乘用车及二轴客车</td><td>12000</td></tr>
<tr><td colspan="2">三轴客车</td><td>13700</td></tr>
<tr><td colspan="2">单铰接客车</td><td>18000</td></tr>
<tr><td rowspan="3">半挂车⑩</td><td colspan="2">一轴</td><td>8600</td><td rowspan="4">2500⑧</td><td rowspan="4">4000</td></tr>
<tr><td colspan="2">二轴</td><td>10000⑪</td></tr>
<tr><td colspan="2">三轴</td><td>13000⑫</td></tr>
<tr><td colspan="3">中置轴（旅居）挂车</td><td>8000</td></tr>
</table>

续上表

车辆类型			车长[1]	车宽	车高
	其他挂车	最大设计总质量≤10000kg	7000		
		最大设计总质量 >10000kg	8000		
汽车列车	铰接列车		16500[13]	2500[8、14]	4000[15]
	货车列车		20000		

注：①挂车车长为挂车最前端至最后端的距离；

②即原三轮农用运输车，下同；

③当采用转向盘转向、由传动轴传递动力、具有驾驶室且驾驶员座椅后设计有物品放置空间时，车长、车宽、车高的限值分别为5200mm、1800mm、2200mm；

④指低速载货汽车，即原四轮农用运输车，下同；

⑤车长限值不适用于不以运输为目的的专用作业车；

⑥最大设计总质量不超过26000kg的汽车起重机的车长限值为13000mm；

⑦当货厢与驾驶室分离且货厢为整体封闭式时，车长限值增加1000mm；

⑧对于货厢为整体封闭式的厢式货车（且货厢与驾驶室分离）、整体封闭式厢式半挂车及整体封闭式厢式汽车列车，以及车长大于11000 mm的客车，车宽最大限值为2550mm；

⑨定线行驶的双层客车车高最大限值为4200mm；

⑩运送不可拆解物体的低平板专用半挂车车宽限值3000mm；车长限值不适用于运送不可拆解物体的低平板专用半挂车、运送车辆的专用半挂车（但与牵引车组成的列车长度需符合本标准规定）和运送单箱长度大于12.2m[40ft（英尺）]集装箱的框架式集装箱半挂车；

⑪对于整体封闭式厢式半挂车、集装箱半挂车，以及组成五轴汽车列车的罐式半挂车，车长最大限值为13000mm；

⑫自2008年1月1日起，在高等级公路上使用的整体封闭式厢式半挂车，车长最大限值为14600mm；

⑬运送不可拆解物体的低平板列车和运送单箱长度大于12.2m[40ft（英尺）]集装箱的框架式集装箱列车除外；自2008年1月1日起，与整体封闭式厢式半挂车组成的铰接列车在高等级公路上使用时，车长最大限值为18100mm；

⑭运送不可拆解物体的低平板挂车列车车宽限值3000mm；

⑮对于集装箱挂车列车指装备空集装箱时的高度。2007年1月1日以前，集装箱挂车列车的车高最大限值为4200mm。

② 车辆外廓尺寸的其他要求

（1）当汽车或汽车列车处于满载状态、外后视镜底边离地高度小于1800mm时，其单侧外伸量不得超出汽车或汽车列车最大宽度处200mm。外后视镜底边离地高度大于或等于1800mm时，其单侧外伸量不得超出汽车或汽车列车最大宽度处250mm。

（2）汽车的顶窗、换气装置等处于开启状态时不得超出车高300mm。

（3）汽车的后轴与挂车的前轴之间的距离不得小于3.00m（牵引中置轴挂车除外）。

（4）汽车和汽车列车（不计具有作业功能的专用装置的突出部分）必须能在同一个车辆通道圆内通过，车辆通道圆的外圆直径为25.00m，车辆通道圆的内圆直径为10.60m。汽车和汽车列车由直线行驶过渡到上述圆周运动时，任何部分超出直线行驶时的车辆外侧面垂直面的值（车辆外摆值）不得大于0.80m。

2 车辆的最大允许轴荷限值

① 单轴

汽车及挂车单轴的最大允许轴荷不得超过规定的最大限值。

汽车及挂车单轴的最大允许轴荷的最大限值（单位：kg）

车辆类型			最大允许轴荷最大限值
挂车及二轴货车	每侧单轮胎		6000①
	每侧双轮胎		10000②
客车、半挂牵引车及三轴以上（含三轴）货车	每侧单轮胎		7000①
	每侧双轮胎	非驱动轴	10000②
		驱动轴	11500

注：①安装名义断面宽度超过400（公制系列）或13.00（英制系列）轮胎的车轴，其最大允许轴荷不得超过规定的各轮胎负荷之和，且最大限值为10000kg；
②装备空气悬架时最大允许轴荷的最大限值为11500 kg。

② 并装轴

汽车及挂车并装轴的最大允许轴荷　　不得超过规定的最大限值。

汽车及挂车并装轴的最大允许轴荷的最大限值（单位：kg）

车辆类型			最大允许轴荷最大限值
汽车	并装双轴	并装双轴的轴距＜1000mm	11500
		并装双轴的轴距≥1000mm，且＜1300mm	16000
		并装双轴的轴距≥1300mm，且＜1800mm	18000①
挂车	并装双轴	并装双轴的轴距＜1000mm	11000
		并装双轴的轴距≥1000mm，且＜1300mm	16000
		并装双轴的轴距≥1300mm，且＜1800mm	18000
		并装双轴的轴距≥1800mm	20000
	并装三轴	相邻两轴之间距离≤1300mm	21000
		相邻两轴之间距离>1300mm，且≤1400mm	24000

注：①驱动轴为每轴每侧双轮胎且装备空气悬架时，最大允许轴荷的最大限值为19000kg。

③ 其他类型的车轴

对于其他类型的车轴，其最大允许轴荷不得超过该轴轮胎数×3000kg。

3 车辆总质量限值

汽车、挂车及汽车列车的最大允许总质量不得超过各车轴最大允许轴荷之和，且不得超过规定的最大限值。货车、挂车的最大设计总质量不得小于规定的最小限值。

汽车、挂车及汽车列车最大允许总质量的最大限值及最大设计总质量的最小限值（单位：kg）

车辆类型			最大允许总质量最大限值	最大设计总质量最小限值
汽车	三轮汽车		2000①	—
	乘用车		4500	
	客车	二轴客车	18000	
		三轴客车	25000②	
		单铰接客车	28000	
	半挂牵引车	二轴半挂牵引车	18000	
		三轴半挂牵引车	25000②	
	货车	二轴货车	16000③、④	—
		三轴货车	25000②	16000
		具有双转向轴的四轴汽车	31000⑤	24000
挂车	半挂车	一轴半挂车	18000	10000
		二轴半挂车	35000	19000⑥
		三轴半挂车	40000	28000⑥
	其他挂车	二轴挂车，每轴每侧为单轮胎	12000	8000
		二轴挂车，一轴每侧为单轮胎、另一轴每侧为双轮胎	16000	11000
		二轴挂车，每轴每侧为双轮胎	20000	14000

续上表

车 辆 类 型		最大允许总质量最大限值	最大设计总质量最小限值
汽车列车	二轴汽车和一轴挂车组成的汽车列车	27000	—
	二轴汽车和二轴挂车组成的汽车列车	35000⑦	
	具有五轴的汽车列车	43000	
	具有六轴的汽车列车	49000	

注：①当采用转向盘转向、由传动轴传递动力、具有驾驶室且驾驶员座椅后设计有物品放置空间时，最大允许总质量最大限值为3000kg；

②当驱动轴为每轴每侧双轮胎且装备空气悬架时，最大允许总质量的最大限值为26000kg；

③当驱动轴为每轴每侧双轮胎且装备空气悬架时，最大允许总质量的最大限值为17000kg；

④对于最高设计车速小于70kg/h的四轮货车，最大允许总质量的最大限值为4500kg；

⑤当驱动轴为每轴每侧双轮胎且装备空气悬架时，最大允许总质量的最大限值为32000kg；

⑥不适用于运送车辆的专用半挂车；

⑦驱动轴为每轴每侧双轮胎并装备空气悬架、且半挂车的两轴之间的距离≥1800mm的铰接列车，最大允许总质量的最大限值为37000kg。

4 其他要求

（1）汽车或汽车列车驱动轴的轴荷不得小于汽车或汽车列车最大总质量的25%。

（2）四轴汽车（自卸车除外）的最大允许总质量的数值（单位：t）不能超过其最前轴至最后轴的距离的数值（单位：m）的5倍。

（3）挂车及二轴货车的货箱栏板高度不得超过600mm，二轴自卸车、三轴及三轴以上货车的货箱栏板高度不得超过800mm，三轴及三轴以上自卸车的货箱栏板高度不得超过1500mm。

三 道路运输车辆燃料消耗量检测要求

为加强道路运输车辆节能降耗管理，交通运输部颁布了《道路运输车辆燃料消耗量检测和监督管理办法》。

（1）交通运输部主管全国道路运输车辆燃料消耗量检测和监督管理工作；县级以上地方人民政府交通运输主管部门负责组织领导本行政区域内道路运输车辆燃料消耗量达标车型的监督管理工作；县级以上道路运输管理机构按照本办法规定的职责负责具体实施本行政区域内道路运输车辆燃料消耗量达标车型的监督管理工作。

（2）总质量超过3500kg的道路旅客运输车辆和道路货物运输车辆的燃料消耗量应当分别满足交通行业标准《营运客车燃料消耗量限值及测量方法》（JT 711）和《营运货车燃料消耗量限值及测量方法》（JT 719）的要求。不符合道路运输车辆燃料消耗量限值标准的车辆，不得用于营运。

（3）燃料消耗量检测合格并且符合《道路运输车辆燃料消耗量检测和监督管理办法》规定条件的车型，方可进入道路运输市场。

（4）县级以上道路运输管理机构在配发《道路运输证》时，应当按照《燃料消耗量达标车型表》对车辆配置及参数进行核查。经核查，未列入《燃料消耗量达标车型表》或者与《燃料消耗量达标车型表》所列装备和指标要求不一致的，不得配发《道路运输证》。

（5）已进入道路运输市场车辆的燃料消耗量指标应当符合《营运车辆综合性能要求和检验方法》（GB 18565）的有关要求。

四 道路运输车辆改装管理相关规定

非法改装道路运输车辆，是指未经有关部门批准，擅自改变已获得《道路运输证》车辆结构、构造或者特征的车辆。主要包括：

（1）擅自改变车辆类型或用途。擅自改变车辆类型或用途是指擅自将客车改为货车、货车改为客车、普通货车改为专用货丰、专用货车改为普通货车、卧铺客车改为座位客车、座位客车改为卧铺客车。

（2）擅自改变车辆颜色。擅自改变车辆颜色是指擅自将驾驶室和车身改为与原车辆不同的外观颜色。

（3）擅自改变车辆主要总成部件。擅自改变车辆主要总成部件是指擅自更换与原车型不一致的发动机、变速器、前桥、后桥或者车架；擅自更换车辆车身或者罐车罐体；擅自改变车辆悬架形式（空气悬架、复合悬架、钢板弹簧式悬架等悬架形式之间的改变）。对于小型、微型道路客运车辆加装前后防撞装置，道路货运车辆加装防风罩、水箱、工具箱、备胎架等，道路运输车辆增加车内装饰等，在不影响安全和识别号牌的情况下，可由道路运输经营者自行决定。

（4）擅自改变车辆外廓尺寸或者承载限值。擅自改变车辆外廓尺寸或者承载限值是指擅自加高、加宽、加长、拆除货厢栏板或者增加车辆外廓尺寸；擅自增加或者减少轮胎数量；擅自增加或者减少车轴数量；擅自增加客车座位或者卧铺铺位。

非法改装道路运输车辆，将破坏车辆本身的结构和性能，给车辆行驶带来安全隐患，同时会造成道路运输市场的不公平竞争，不利于道路运输市场健康协调发展，危害很大。

已获得《道路运输证》的车辆确需改装的，道路运输经营者应当事先获得有关部门的批准，交由合法改装企业实施车辆改装作业。改装完毕后，道路运输经营者应当到有关部门办理车辆行驶证变更手续，并经车辆综合性能检测合格后，到交通运输主管部门和道路运输管理机构办理《道路运输证》变更手续。

第三节 汽车常见故障

教学目标：

掌握汽车发动机、底盘、电气设备常见故障识别方法。

汽车常见故障包括发动机故障、底盘故障和电气设备故障。汽车在使用过程中，由于各种原因，难免发生故障。道路运输驾驶员应掌握一定的故障诊断与排除方法，对汽车常见故障进行及时有效的处置，这不仅对恢复汽车正常运行、降低消耗、提高运输效率有利，而且还可以延长汽车的使用寿命。对于一些故障，如道路运输驾驶员无法自行排除的，应求助于专业维修人员进行检修。

一 发动机常见故障

1 润滑系统常见故障

润滑系统的常见故障有机油压力过低、机油压力过高、机油消耗过多等。

润滑系统的常见故障现象及原因

故障	故障现象	故障原因
机油压力过低	（1）发动机起动后，机油压力表读数迅速下降至零左右； （2）发动机在正常温度和转速下，机油压力表读数始终低于规定值	（1）机油油量不足； （2）机油黏度太低； （3）减压阀弹簧过软或调整不当； （4）机油滤清器堵塞； （5）机油泵齿轮等磨损，使供油压力过低； （6）曲轴主轴承、连杆轴承或凸轮轴轴承间隙过大； （7）润滑系统内、外管路或管接头泄漏； （8）机油压力表或传感器失效； （9）汽缸体水套出现裂纹，使冷却液漏入油底壳而稀释机油
机油压力过高	（1）发动机在正常温度和转速下，机油压力表读数高于规定值； （2）发动机在运转过程中，机油压力表读数突然增高； （3）机油压力表读数低，但高压机油冲裂机油压力传感器或机油滤清器盖等	（1）机油黏度过大； （2）限压阀调整不当或失效； （3）汽缸体的油道堵塞； （4）机油粗滤器滤芯堵塞且旁通阀开启困难； （5）机油压力表或其传感器工作不良； （6）曲轴主轴承、连杆轴承或凸轮轴轴承的间隙过小（只出现在大修后的发动机）
机油消耗过多	（1）机油消耗量逐渐增多（机油消耗率超过0.1 L/100km）； （2）排气管冒蓝烟	（1）活塞与缸壁间隙过大； （2）扭曲活塞环方向装反； （3）活塞环抱死，或其开口转到一起； （4）活塞环磨损过甚，或其弹力不足； （5）活塞环端隙、边隙或背隙过大； （6）气门杆油封损坏（尤其是进气门杆油封）； （7）进气门导管磨损过甚； （8）曲轴箱通风不良； （9）油底壳或气门室盖漏油

2 故障诊断与排除方法

1）机油压力过低

（1）观察机油压力表或报警指示灯，发现机油压力过低或为零时，应立即停车熄火，否则会很快发生烧瓦抱轴等机械故障。先拔出机油尺，检查油底壳内机油量及机油品质，若油量不足，应及时添加；若机油中含水或燃油时，应通过拆检，查出渗漏部位；若机油黏度过小，应更换合适牌号的机油。

（2）若机油量充足，再检查机油压力传感器的导线是否松脱。若连接良好，在发动机运转时，拧松机油压力传感器或主油道螺塞，若机油从连接螺纹孔处喷出有力，则为机油压力表或其传感器、连接线路故障。

（3）若机油喷出无力，则应立即熄火，检查集滤器、机油泵、限压阀、粗滤器滤芯是否堵塞，旁通阀是否无法打开，各进出油管、油道及油堵是否漏油。

（4）若以上检查均正常，则应检查曲轴轴承、连杆轴承或凸轮轴轴承的间隙是否过大，间隙增大会直接影响机油压力。

2）机油压力过高

发现机油压力过高，应熄火排除故障，否则容易冲裂机油滤清器盖或机油传感器。

（1）首先检查机油黏度是否过大，限压阀是否调整不当；对于新大修的发动机，应检查主轴承、连杆轴承或凸轮轴轴承间隙是否过小。

（2）若机油压力突然增高，而未见其他异常现象，应检查机油压力传感器及导线是否有搭铁故障而导致机油压力表显示异常。

3）机油消耗过多

（1）首先检查外部是否有漏油，应特别注意曲轴前端和后端、凸轮轴后端油堵是否漏油。

（2）若发动机汽缸盖罩、气门室盖、油底壳衬垫和发动机前、后油封等多处有机油渗漏，应检查曲轴箱通风装置。清理曲轴箱管道，尤其是通风流量控制阀处的积炭和结胶。若通风受阻，就会引起曲轴箱内压力升高，出现机油渗漏现象。

（3）若排气管明显冒蓝烟，则为烧机油造成的。当发动机大负荷、高速运转时，排气管大量冒蓝烟，同时机油加注口也向外冒蓝烟，则为活塞、活塞环与汽缸壁磨损过甚；活塞环的端隙、边隙或背隙过大；多个活塞环端隙口转到一起，扭曲环装反等，使机油窜入燃烧室。

（4）若发动机大负荷运转时，排气管冒蓝烟，但机油加注口无烟，则为气门杆油封损坏，气门导管磨损过甚（尤

其是进气门），使机油被吸入燃烧室。若短时间冒蓝烟后停止，而油底壳的机油未见减少，则是湿式空气滤清器内的油面过高所致。

（5）对于采用气压制动的汽车，若从储气筒的放污螺塞处放出较多的机油，则为空气压缩机的活塞、活塞环与汽缸壁磨损过甚。

2 冷却系统常见故障

冷却系统的常见故障是发动机过热，主要有冷却液充足但发动机过热、冷却液不足引起发动机过热、发动机突然过热等。

1 故障现象及原因

冷却系统的常见故障现象及原因

故　障	故障现象	故障原因
冷却液充足但发动机过热	发动机的冷却液充足，但在车辆行驶过程中冷却液温度超过90℃（轿车超过100℃），直至沸腾（俗称“开锅”）；或运行中冷却液在90℃以上，如一停车，冷却液立刻沸腾	主要原因有两个方面：首先是冷却系统的散热能力下降，其次是发动机产生的热量增加。 冷却系统本身的原因有： （1）百叶窗开度不足； （2）风扇传动带太松或因油污而打滑； （3）散热器出水管老化吸瘪或内壁脱层堵塞； （4）冷却风扇装反，或风扇规格不对； （5）电动风扇不转，或硅油风扇离合器损坏，使风扇不转或转速过低； （6）节温器失效，使冷却液大循环受阻； （7）水套水垢沉积过多，或分水管堵塞，分水不畅； （8）散热器内芯管堵塞，或散热片倾倒过多； （9）水泵损坏； （10）汽缸垫烧穿，或缸盖出现裂缝，使高温气体进入冷却系统。 其他系统的原因有： （1）点火时间过迟； （2）混合气过浓或过稀； （3）燃烧室积炭过多； （4）发动机机油量不足，或机油散热器工作不良； （5）汽车使用条件的影响（如道路、气候、风向和负荷等）

续上表

故障	故障现象	故障原因
冷却液不足引起发动机过热	发动机冷却系统容纳不了规定的冷却液量，或在运行中冷却液消耗异常，使发动机过热	（1）冷却水套或散热器积垢过多或堵塞； （2）散热器漏水； （3）散热器盖的进、排气阀失效； （4）水泵水封不良或叶轮密封垫圈磨损过甚而漏水； （5）冷却系统其他部位漏水； （6）汽缸垫水道孔与汽缸相通； （7）个别进气通道破裂漏水； （8）气门室内壁破裂漏水
发动机突然过热	冷车起动后，发动机冷却液温度迅速升高而产生沸腾现象或汽车在行驶过程中发动机突然过热	（1）风扇传动带断裂； （2）水泵轴与叶轮脱转； （3）冷却系统严重漏水； （4）节温器主阀门脱落致使冷却液不能进行大循环； （5）汽缸垫烧穿，或缸盖出现裂缝，高温气体进入冷却系统

2 故障诊断与排除方法

1）冷却液充足但发动机过热

（1）先检查百叶窗是否开度不足。若开度足够，再检查风扇的转动情况及风扇传动带是否打滑。如风扇不转或转速太低，可调整风扇传动带松紧度，或检查硅油风扇离合器，或检查风扇电机及温控开关的好坏，若损坏则应更换新件。

（2）若风扇转动正常，再用手分别感觉散热器和发动机的温度。若散热器温度低，而发动机温度高，说明冷却液循环不良。应检查散热器出水胶管是否被吸瘪，或胶管内壁有脱层堵塞，若胶管被吸瘪应更换新管。

（3）如散热器出水良好，再拆松散热器进水管，起动发动机试验，冷却液应有力排出。否则，说明水泵或节温器有故障。或进一步拆下节温器试验，若散热器的进水管仍不排水，则说明水泵有故障；若拆下节温器后，散热器的进水管变得排水有力了，则故障就在节温器，应换用新件。

（4）检查散热器各部温度是否均匀。如果冷热不均，说明散热器内部芯管有堵塞或散热片倾倒过多。

（5）检查发动机各部温度是否均

匀。如发动机的后端温度高于前端，则说明分水管已损坏或堵塞，应换用新件。

（6）若以上检查均正常，在冷却液温度过高的同时，发动机动力明显下降，并从散热器的加水口处涌出高温气体或从排气管处排出水蒸气，则应检查汽缸垫是否烧坏。

（7）对于长期未清洗水垢的发动机，若出现过热无法排除时，应检查水套内积垢是否太多，可采用化学溶剂法清洗水垢。

（8）此外，还应检查是否由其他系统的原因引起过热。

（9）若发动机及冷却液温度正常，冷却液位也正常，而冷却液温度表指示冷却液温度过高，或冷却液温度报警灯点亮，则为冷却液温度表、报警灯电路或元件故障。

2）冷却液不足引起发动机过热

（1）在发动机运转时，首先检查冷却系统外部是否漏水，可通过紧固排除漏水部位。

（2）水泵泄水孔漏水，常被误认为散热器出水管漏水，可用一干燥洁净木条伸到水泵的泄水孔处，若木条上有水，则说明水泵漏水。

（3）若外部不漏水，则应考虑为冷却系统内部是否漏水。若发动机运转时，排气管排出大量的水蒸气，或拔出机油尺发现机油中有冷却液，则为水套破裂或汽缸垫水道孔破损，致使冷却液漏入曲轴箱、汽缸内或进、排气道内。

3）发动机突然过热

若汽车在行驶过程中发动机突然过热，且冷却液沸腾后，切莫使发动机立即熄火，应怠速运转散热5min，待冷却液温度下降后，再补加冷却液。

（1）首先检查冷却液数量是否充足，再检查风扇是否转动。若风扇停转，应察看风扇传动带是否断裂；硅油风扇离合器或电磁式风扇离合器是否损坏；若为电动风扇，应检查冷却液温度开关、风扇电机及其电路是否损坏。

（2）若风扇运转正常，冷却液数量足够，可用手感觉散热器和发动机的温度，如发动机温度很高，而散热器温度很低，说明水泵损坏或节温器失灵。

（3）若冷态发动机起动后，水箱口立即向外溢水并排出大量气泡，呈现冷却液沸腾状态，多为汽缸套、汽缸盖出现裂纹或汽缸垫烧蚀，使高温高压气体窜入水套。此时，应分解缸盖、缸体，焊修裂纹或更换汽缸套、汽缸垫。

二 底盘常见故障

1 传动系统常见故障

第一部分：离合器常见故障

离合器的常见故障有打滑、分离不

彻底、接合不平顺等。

1 故障现象及原因

离合器的常见故障现象及原因

故 障	故 障 现 象	故 障 原 因
打滑	汽车低挡起步时，离合器踏板抬起后，汽车不能起步或起步不灵敏；汽车加速行驶时，行驶速度不能随发动机转速的升高而升高，且伴随有离合器发热、产生烧焦气味或冒烟等现象	（1）离合器踏板没有自由行程，使分离轴承压紧在分离杠杆上； （2）从动盘摩擦片有油污、烧焦、磨损过薄、表面不平、表面硬化或铆钉露头； （3）压盘、飞轮变形或压盘过薄； （4）压力弹簧过软或折断，膜片弹簧疲劳或破裂； （5）飞轮与离合器盖之间的固定螺栓松动； （6）分离轴承运动发卡而不能回位
分离不彻底	发动机怠速运转时，离合器踏板完全踩下，挂挡困难且伴随齿轮撞击声；勉强挂入挡位，离合器踏板未抬起汽车就起步或发动机熄火；行驶中，换挡困难，且伴随有齿轮撞击声	（1）离合器自由行程过大； （2）液压式离合器的液压系统油量不足（漏油）或有空气； （3）分离杠杆内端不在同一平面上或内端太低，膜片弹簧分离指弹性减弱产生变形或内端磨损严重； （4）从动盘正反装错； （5）从动盘铆钉松脱、摩擦片破裂、钢片变形； （6）从动盘在花键轴上轴向运动发卡； （7）分离叉支点或分离轴承磨损过度； （8）压紧弹簧弹力不均或个别弹簧折断（周布弹簧式离合器）
接合不平顺	严格按照操作规程进行汽车起步时，离合器在接合过程中产生振抖，严重时会使整车都产生振抖现象	（1）分离杠杆或膜片弹簧分离指内端高度不在同一平面内； （2）压盘或从动盘钢片翘曲变形，飞轮工作端面圆跳动严重（翘曲变形）； （3）从动盘摩擦片有油污、表面厚度不均匀、表面不平整、表面硬化、烧焦，铆钉露头、松脱、折断；

续上表

故　障	故障现象	故障原因
接合不平顺		（4）从动盘上的减振弹簧疲劳或折断、缓冲片破裂； （5）分离轴承发卡而不能回位； （6）离合器压紧弹簧折断或弹力不均，膜片弹簧疲劳或破裂； （7）踏板复位弹簧折断或脱落； （8）发动机支架、变速器、飞轮、飞轮壳等部件的固定螺栓松动

2 故障诊断与排除方法

1）打滑

首先应检查离合器踏板的自由行程，若不符合标准，则故障由此引起。否则，检查操纵机构是否有卡滞，若有，则故障由此引起。否则，应检查离合器盖与飞轮的固定螺栓是否松动，若松动，则故障由此引起。否则，应拆检离合器总成。

2）分离不彻底

首先应检查离合器踏板的自由行程，若自由行程太大，则故障由此引起。否则，对液压操纵式离合器应继续检查液压系统，若油量不足（漏油）或管路中有空气，则故障由此引起。对于机械操纵机构则应检查钢索及传动是否损坏、卡滞，若有，则故障由此引起。否则，确认是否刚换过摩擦片，若是，则应检查新换的摩擦片是否过厚，若过厚，则故障由此引起。如果上述调整、检查均未排除故障，应拆检离合器总成。

3）接合不平顺

首先应检查发动机支架、变速器、飞轮、飞轮壳等部件的固定螺栓是否松动，若有松动，则故障由此引起；否则，检查离合器踏板复位弹簧是否折断或脱落，若折断或脱落，则故障由此引起；否则，检查分离轴承复位情况，不复位，则故障由此引起。

第二部分：变速器常见故障

手动变速器的常见故障有掉挡、乱挡、挂挡困难等。

1 故障现象及原因

手动变速器的常见故障现象及原因

故　障	故障现象	故障原因
掉挡	汽车在加速、减速或爬坡时，变速器操纵杆自动跳回空挡位置	（1）变速器远程控制机构磨损或调整不当； （2）自锁装置的钢球或拨叉轴凹槽磨损严重，自锁弹簧疲劳过软或折断；

续上表

故　障	故障现象	故障原因
掉挡		（3）齿轮在轴线方向磨损成锥形，在汽车行驶中因振动、速度变化等，在齿轮轴向方向产生推力，迫使啮合齿轮沿轴线方向脱开； （4）变速器轴、轴承磨损松旷或轴向间隙过大，变速器壳松动、变形，从而导致轴转动时齿轮啮合不足而发生跳动和轴向窜动； （5）常啮合齿轮轴向或径向间隙过大； （6）同步器磨损或损坏
乱挡	在离合器技术状况正常的情况下，变速器同时挂上两个挡；或虽能挂上挡，结果挂入了其他挡位；或者挂入相应挡位后不能摘出	（1）互锁装置失效，如拨叉轴、顶销或钢球磨损过甚等； （2）变速器操纵杆下端弧形工作面磨损过大或拨叉轴上导块的导槽磨损过大； （3）变速器操纵杆球头定位销折断或球孔、球头磨损，过于松旷
挂挡困难	挂挡时，不能顺利挂入挡位，常发生齿轮撞击声	（1）离合器分离不彻底； （2）控制拉线调整不当或损坏，或操纵机构中控制连杆机构动作不良； （3）同步器磨损或损坏； （4）换挡键弹簧损坏； （5）变速器拨叉或拨叉轴弯曲变形； （6）自锁或互锁弹簧过硬，钢环破裂、毛糙卡滞； （7）变速器轴弯曲变形或花键损坏； （8）齿轮油规格不符

❷ 故障诊断与排除方法

1）掉挡

热车后，采用连续加、减速的方法逐挡进行路试，检查在各挡位上变速器操纵杆是否容易脱出。发现某挡跳挡后，将变速器操纵杆挂入掉挡挡位，发动机熄火。先检查操纵机构调整是否正确，然后小心拆下变速器盖。

（1）观察掉挡齿轮的啮合情况：未达到全长啮合，则故障由此引起。

（2）检查啮合部位磨损情况：磨损成锥形，则故障可能由此引起。

（3）检查第二轴上该挡齿轮和各轴的轴向和径向间隙，间隙过大，则故障

可能由此引起。

（4）检查自锁装置，若自锁装置的止动阻力很少，甚至手感钢球未进入凹槽，则故障为自锁效能不良；否则，可能为变速器壳松动或第一轴轴线与曲轴轴线不同轴等引起。

2）乱挡

使车辆行驶，操纵变速器操纵杆进行换挡试验，检查是否存在同时挂上两个挡或挂上的挡位不是所需要挡位的情况。

（1）挂需要挡位时，结果挂入了其他挡位：摇动变速器操纵杆，检查其摆转角度，若超出正常范围，则故障由变速器操纵杆下端球头定位销与定位槽配合松旷或球头、球孔磨损过大引起。如果变速器操纵杆可以摆转360°，则为定位销折断。

（2）若变速器操纵杆摆转角度正常，仍挂不上或摘不下挡，则多为变速器操纵杆下端弧形工作面磨损或导槽磨损导致变速器操纵杆下端从导槽中脱出。

（3）若同时挂上两个挡，则为互锁装置磨损或漏装零件。

3）挂挡困难

首先应确认离合器分离状态正常，然后使发动机怠速运转，踩下离合器踏板，试进行各挡位变换。检查变速器操纵杆是否卡滞、沉重等。当用这种方法不易判断时，可进行路试。

（1）汽车行驶时发生换挡困难现象，首先应检查离合器分离是否彻底，操纵机构是否调整不当或卡滞。

（2）若上述检查情况良好，应拆开变速器盖，检查变速器拨叉、拨叉轴是否弯曲变形，自锁和互锁钢球是否损坏，弹簧是否过硬。

（3）如上述检查正常，应检查同步器是否损坏，主要检视：同步器是否散架，同步器锥环内锥面螺纹是否磨损，滑块是否磨损，弹簧弹力是否过软。

（4）如同步器正常，应进一步检查变速器第一轴是否弯曲，其花键是否耗损。

2 行驶系统常见故障

行驶系统的常见故障有轮胎异常磨损、行驶跑偏等。

1 故障现象及原因

行驶系统的常见故障现象及原因

故　障	故障现象	故障原因
轮胎异常磨损	轮胎磨损速度加快，胎面出现不正常磨损形状	（1）轮胎气压不符合要求，轮胎质量不佳或车轮螺栓松动；

续上表

故　障	故障现象	故障原因
轮胎异常磨损		（2）轮胎长期未换位或汽车经常行驶在拱度较大的路面上； （3）车轮定位不正确或车轮不平衡； （4）纵横拉杆、轮毂轴承松旷或转向节与主销松旷； （5）钢板弹簧U形螺栓松旷或钢板弹簧衬套与销松旷； （6）前轮制动复位慢或制动拖滞； （7）转向梯形杆系不能保证各车轮纯滚动，出现过度转向； （8）前轴与车架纵向中心线不垂直或车架两边的轴距不等； （9）前梁或车架变形； （10）经常超载、偏载、起步过急、高速转弯或制动过猛
行驶跑偏	汽车直线行驶时，转向盘不居中间位置；必须紧握转向盘，偏置一定角度后，汽车才能保持直线行驶，若稍放松转向盘，汽车会自动向一侧跑偏	（1）左、右前轮气压不相等或轮胎直径不等； （2）车辆左、右两弹簧弹力不等或单边松动、断裂； （3）两前轮轮毂轴承的松紧度不等； （4）前桥（整轴式）弯曲变形或下控制臂（独立悬架式）安装位置不一致； （5）车架变形或左右轮距相差太大； （6）两前轮的定位角不正确； （7）车辆一侧车轮制动拖滞； （8）转向系统原因

2 故障诊断与排除方法

1）轮胎异常磨损

应根据轮胎磨损的不同情况确定故障原因和排除方法：

（1）胎肩磨损是由于轮胎气压不足或汽车长期超载造成的，应按规定充气，更换轮胎或紧固车轮螺栓。

（2）中间磨损是由于轮胎气压过高

引起的，应按规定充气。

（3）内（外）侧偏磨损是由于车轮外倾角过大（小）造成的，应校正车轮定位。

（4）两侧呈锯齿状磨损，是由于轮胎换位不及时或汽车经常紧急制动或长期超载造成的，应及时进行轮胎换位。

（5）由外（里）侧向里（外）侧呈锯齿状磨损是由于前束过大（小）造成的，应校正前轮定位。

（6）胎冠呈波浪状或碟片状磨损是由于轮毂轴承松旷或车轮动不平衡造成的，应更换或校正车轮定位。

2）行驶跑偏

（1）将汽车停放在平坦的路面上，查看汽车前部高度是否一致，若高度不一致，说明悬架弹簧折断或弹力不一致，应更换。

（2）检查左、右两前轮轮胎气压是否一致，若不一致，应按规定充气，使两前轮轮胎气压保持一致。

（3）检查左、右两前轮轮胎的磨损程度，若磨损程度不一致，应更换磨损严重的轮胎。

（4）检查左、右两前轮轮胎的花纹是否一致，若花纹不一致，应更换轮胎，使花纹一致。

（5）用手触摸跑偏一侧的车轮制动鼓和轮毂轴承部位，感觉温度情况。若车轮制动鼓特别热，说明该轮制动器间隙过小或制动复位不彻底，应检查调整。若轮毂特别热，说明该轮轴承过紧，应重新调整轴承预紧度。

（6）用前轮定位仪检查前轮定位是否正确，若不正确，应调整。

（7）测量前后桥左右两端中心的距离是否相等，若不相等，说明轴距短的一侧钢板弹簧错位，车轴或半轴套管弯曲等，应检查维修。

3 转向系统常见故障

液压助力转向系统的常见故障有转向沉重、助力不足；转向盘回位不良等。

1 故障现象及原因

转向系统的常见故障现象及原因

故　障	故障现象	故障原因
转向沉重、助力不足	汽车在行驶过程中突然感到转向沉重	（1）油液变质； （2）滤清器或油路堵塞； （3）油路中渗入空气； （4）油泵驱动传动带过松或打滑；

续上表

故　障	故障现象	故障原因
转向沉重、助力不足		（5）各油管接头、油泵安全阀、溢流阀等处有泄漏； （6）油泵磨损、内部泄漏严重； （7）弹簧弹力减弱或调整不当； （8）动力缸或转向控制阀密封圈损坏
转向盘回位不良	汽车完成转向后，转向盘不能回到直线行驶位置	（1）转同油泵输出油压低； （2）液压回路中渗入空气； （3）回油软管扭曲阻塞； （4）转向控制阀或转向动力缸发卡； （5）转向控制阀定中不良

2 故障诊断与排除方法

1）转向沉重、助力不足

（1）检查转向储油罐，若油液变质则应更换规定油液。若只是液面低于规定高度，应加油使油面达到规定位置。

（2）检查转向油液储油罐内的滤清器，若发现滤网过脏，说明滤清器或油路堵塞，应清洗。若发现滤网破裂，说明滤清器损坏，应更换。

（3）检查油路中是否渗入空气，如果发现储油罐中的油液有气泡，说明油路中有空气渗入，应检查各油管接头和接合面的螺栓是否松动，各密封件是否损坏，有无泄漏现象，油管是否破裂等。对于出现故障的部位应进行修理和更换，并进行排气操作，最后重新加入油液。

（4）检查油泵驱动传动带是否过松或打滑。

（5）检查各油管接头等处有无泄漏，油路中是否有堵塞，查明故障后按规定力矩拧紧有关接头或清除污物。

（6）检查油泵是否磨损、内部是否泄漏严重。

（7）检查油泵安全阀、溢流阀是否泄漏，弹簧弹力是否减弱或调整不当。对转向油泵进行输出油压检查，如果油泵输出压力不足，说明油泵有故障，此时应分解油泵，检查油泵是否磨损或内部泄漏严重，安全阀、溢流阀是否泄漏或卡滞，弹簧弹力是否减弱或调整不当，各轴承是否烧结或严重磨损等。对于叶片泵还应检查转子上的密封环或油封是否损坏，对于齿轮泵应检查齿轮间

隙是否过大等，查明故障予以修理，必要时更换油泵。

（8）检查动力缸或转向控制阀密封圈是否损坏。

2）转向盘回位不良

（1）对液压系统进行排气操作，排气后按规定加足转向油液。

（2）检查转向油泵输出油压，若油压不足应拆检转向油泵，检查油泵是否磨损或内部泄漏严重、安全阀及流量控制阀是否泄漏或卡滞、弹簧弹力是否减弱或调整不当、各轴承是否烧结或严重磨损等。查明故障予以修理，必要时更换油泵。如果泵轴油封泄漏也应更换转向油泵。

（3）检查回油软管是否阻塞，如有应更换回油软管。

（4）拆检转向控制阀或转向动力缸，查明故障原因，然后视情况进行修复，对于损坏的零件应更换。必要时更换转向控制阀或转向动力缸。

4 制动系统常见故障

制动系统的常见故障有制动不灵、制动失效、制动跑偏、制动拖滞等。

1 故障现象及原因

制动系统的常见故障现象及原因

故　障	故障现象	故障原因
制动不灵	制动时，驾驶员感到减速度不足；紧急制动时，制动距离过长	（1）制动主缸、轮缸、管路或管接头漏油； （2）主缸储液室（罐）存油不足或无油； （3）制动液变质（变稀或变稠）或管路内壁积垢太厚； （4）制动液中有空气； （5）主缸、轮缸皮碗、活塞或缸筒磨损过度； （6）主缸进油孔、补偿孔或储液室（罐）通气孔堵塞； （7）主缸出油阀、回油阀密封不严；活塞复位弹簧预紧力太小；活塞前端贯通小孔堵塞或主缸皮碗发黏、膨胀； （8）轮缸皮碗发黏、膨胀； （9）增压器或助力器效能不佳或失效； （10）油管凹瘪或软管内孔不畅通； （11）制动踏板自由行程太大；

续上表

故障	故障现象	故障原因
制动不灵		（12）制动蹄摩擦片与制动鼓（盘）贴合面不佳或制动间隙调整不当； （13）制动蹄摩擦片品质欠佳或使用中表面硬化、烧焦、油污及铆钉头露出； （14）制动鼓磨损过度或制动时变形； （15）制动油管工作时胀大
制动失效	踩下制动踏板，车辆不减速，即使连续踩踏几次制动踏板也无明显减速作用	（1）主缸内无制动液； （2）主缸皮碗严重破裂或制动系统有严重的泄漏之处； （3）制动软管或金属管断裂； （4）制动踏板至主缸的连接脱开
制动跑偏	制动时，车辆行驶方向发生偏斜	制动跑偏的根本原因是左右制动力不等，具体原因为： （1）左右车轮制动蹄摩擦片的材料不一或新旧程度不一； （2）左右车轮制动蹄摩擦片与制动鼓（盘）的接触面积、位置不一样或制动间隙不等； （3）左右车轮轮缸的技术状况不一，造成起作用时间或张开力大小不等； （4）左右车轮制动蹄复位弹簧拉力不一； （5）左右车轮轮胎气压、直径、花纹或花纹深度不一； （6）左右车轮制动鼓的厚度、直径、工作中的变形程度和工作面的粗糙度不一； （7）单边制动管凹瘪，阻塞或漏油；单边制动管路或轮缸内有气阻； （8）单边制动蹄与支撑销配合过紧或锈蚀
制动拖滞	抬起制动踏板后，全部或个别车轮的制动作用不能立即完全解除，以致影响了车辆重新起步、加速行使或滑行	（1）制动踏板无自由行程； （2）制动踏板与其轴的配合缺油、锈污或踏板复位弹簧脱落、拉断及拉力太小等； （3）主缸活塞复位弹簧折断或顶紧力太小；皮碗变长或皮碗膨胀、发黏；补偿孔被污物堵塞； （4）轮缸皮碗膨胀、发黏或活塞卡滞；

续上表

故　障	故障现象	故障原因
制动拖滞		（5）制动蹄复位弹簧脱落、折断或弹力下降； （6）制动蹄与支撑销锈污； （7）制动蹄与制动鼓（盘）的间隙调整不当，制动放松后仍局部摩擦； （8）通往各轮缸的油管凹瘪或堵塞； （9）不制动时增压器辅助缸活塞中心孔打不开； （10）轮毂轴承松旷

2 故障诊断与排除方法

1）制动不灵

（1）踩下制动踏板，若踏板位置太低，则连续两次或几次踩踏板，若其高度随之增高且制动效能好转，则应检查制动踏板自由行程及制动器间隙。

（2）维持制动时踏板的高度，若缓慢或迅速下降，说明制动管路某处破裂、接头密封不良、轮缸皮碗密封不良或主缸皮碗、皮圈密封不良等。可首先踏下制动踏板，观察有无制动液渗漏。若外部正常，则应检查主缸是否存在故障。

（3）如果连续踏几下制动踏板后，踏板高度仍过低，并且在踏第一下制动踏板后，感到主缸活塞未复位，踩下制动踏板即有主缸推杆与活塞碰击响声，则为主缸皮碗破裂或其复位弹簧太软。

（4）连续踏几次制动踏板后踏板高度稍有增高，并有弹性感，说明制动管路中渗入空气。

（5）连续踏几次制动踏板后，踏板均被踩到底，并感到踏板毫无反力，说明主缸储液室内制动液严重亏缺。

（6）连续踏几次制动踏板后踏板高度低而软，则为主缸进油孔或储液室螺塞通气孔堵塞。

（7）若踏一下或两下制动踏板，踏板高度适当，但太硬且制动效能不良，则首先要检查真空助力器的工作性能；其次检查油管是否老化、凹瘪，制动液是否太稠；最后检查制动器各轮摩擦片驱动端与制动鼓的间隙是否小于另一端。若间隙正常，则需检查制动鼓与摩擦片表面状况。

2）制动失效

首先应检查主缸储液室内制动液是否充足，若不足则观察泄漏之处。若主缸推杆防尘套处的制动液泄漏严重，多属主缸皮碗损坏，需更换皮碗。若车轮制动鼓边缘有大量制动液，则说明该轮轮缸皮碗破损，也需要更换皮碗。

3）制动跑偏

采用汽车路试制动，根据轮胎印迹，查明制动效能不良的车轮。可先检查该轮制动管路是否漏油、轮胎气压是否充足。若正常，则检查制动蹄与制动鼓的间隙是否符合规定，否则予以调整。如仍无效，可检查轮缸内是否渗入空气，若无渗入空气，则应拆下制动鼓，按原因逐一检查制动器各件。若各轮拖印基本符合要求，但制动仍跑偏，说明故障不在制动系统，应检查车架和前轴的技术状况。

4）制动拖滞

先判断故障是在主缸还是在车轮制动器。行车中出现拖滞，若所有制动鼓均过热，表明主缸有故障。若个别制动鼓过热，则属于该轮制动器工作不良。维修作业后出现制动拖滞，可将汽车举升，变速器置于空挡并放松驻车制动器操纵杆，然后转动各车轮再踏下制动踏板。若抬起制动踏板后，各轮均难以立即扳转，则故障在主缸，如个别轮不能立即转动，说明该轮制动器有故障。

（1）若故障在主缸时，应先检查踏板自由行程。若自由行程正常，可拆下主缸储液盖，踩踏制动踏板，观察回油情况，如不回油，为回油孔堵塞。如回油缓慢，可检查制动液是否太脏、黏度过大。如制动液清澈，则应拆检主缸。

（2）个别车轮制动器拖滞，可架起该车轮，旋松其轮缸放气螺钉，如制动液随之急速喷出且车轮即刻旋转自如，说明该轮制动管路堵塞，轮缸未能回油。如旋转车轮仍拖滞，可检查制动间隙。如上述均正常，则应该检修轮缸。

三 电气设备常见故障

1 蓄电池常见故障

蓄电池的常见故障有自放电、内部短路等。

蓄电池的常见故障现象、原因及处置方法

故障	故障现象	故障原因	故障处置
自放电	蓄电池停用一段时间或数天后，电能自行消失，无法使用	（1）蓄电池外部不清洁，造成正、负极接线柱间导通； （2）蓄电池长期存放，硫酸下沉，使极板上、下部产生电位差，引起自放电；	（1）清洁蓄电池表面； （2）更换电解液

续上表

故障	故障现象	故障原因	故障处置
自放电		（3）电解液不纯，杂质与极板之间以及沉附于极板上不同杂质之间形成电位差，通过电解液产生局部放电	
内部短路	（1）起动发动机时，起动机运转无力； （2）蓄电池充电时端电压回升相对缓慢，若用蓄电池放电测试端电压时，电压很低且会迅速下降为零； （3）电解液温度迅速升高，相对比重上升很慢，充电末期气泡很少	蓄电池内部极板翘曲、隔板损坏、大量极板活性物脱落后沉积，造成正、负极板之间短路	对蓄电池进行拆检： （1）若是活性物质松弛脱落沉积过多，可清除沉积物； （2）若是极板翘曲，应设法压平； （3）若是隔板缺损、穿孔，则需更换新隔板

2 起动机常见故障

起动机的常见故障有不起动、运转缓慢等。

起动机的常见故障现象、原因及处置方法

故障	故障现象	故障原因	故障处置
不起动	不起动，但前照灯灯光正常	（1）点火开关线路中有一处开路； （2）起动机发生故障； （3）线圈开路； （4）蓄电池接头有高电阻	（1）检修点火开关和接头； （2）检修整流子、电刷和接头； （3）检修线圈和接头； （4）根据需要清洁、维修蓄电池接头

续上表

故　障	故障现象	故障原因	故障处置
不起动	不起动，且前照灯灯光明显模糊	（1）蓄电池输出电压低； （2）起动机堵转； （3）轴承卡死或电枢轴弯曲； （4）起动机内部搭铁	（1）检测蓄电池，并对其再充电； （2）检查起动机和飞轮齿间是否清洁； （3）拆卸并检查起动机
	不起动，且前照灯灯光稍有模糊	（1）蓄电池终端被腐蚀； （2）起动机不工作； （3）线圈工作但不起动	（1）清洁蓄电池接头； （2）检查起动机和单向离合器的工作情况； （3）检修整流子
	不起动，且前照灯无灯光	（1）起动机线路开路； （2）蓄电池漏电或有故障	（1）检修电线或接头； （2）检测蓄电池，并对其再充电
转动缓慢	起动机起动缓慢	（1）蓄电池被腐蚀或起动机接头松弛； （2）起动机内部有故障	（1）检查蓄电池是否被腐蚀或起动机接头是否松弛； （2）检修起动机
	起动机工作，但发动机不起动	（1）起动机小齿轮不与飞轮啮合； （2）飞轮或起动机小齿轮轮齿损坏； （3）起动机单向离合器损坏	（1）检查起动机和飞轮的接合情况； （2）检查起动机小齿轮并旋转飞轮，以便检查所有齿轮； （3）更换起动机小齿轮
	起动后起动机释放缓慢	（1）线圈铁芯黏着； （2）起动机小齿轮和电枢轴黏合； （3）起动机单向离合器过载； （4）起动机小齿轮和飞轮之间接合过紧； （5）线圈复位弹簧弹力减弱	（1）清洁并释放铁芯； （2）清洁电枢轴和滑环； （3）更换起动机小齿轮； （4）检查起动机和飞轮之间是否清洁； （5）更换复位弹簧

第四节 轮胎的合理使用

教学目标：

1. 了解轮胎使用寿命的影响因素；
2. 掌握轮胎的正确使用方法。

轮胎是汽车行驶系统中的主要部件，其性能的优劣直接影响车辆的制动性、通过性、稳定性和舒适性。合理使用轮胎，延长其使用寿命，是降低运营成本及保证车辆安全运行的重要措施之一。

一 轮胎使用寿命的影响因素

轮胎气压和负荷、行驶速度、气温、道路条件、汽车技术状况、驾驶方法、轮胎维护品质和管理技术等因素，对轮胎使用寿命影响很大。

1 气压和负荷的影响

轮胎气压偏离标准是轮胎早期损坏的主要原因，尤其以气压不足对轮胎的危害最大。

轮胎气压越低，胎侧变形越大，使胎体帘线产生较大的周期性交变应力；还因摩擦加剧使轮胎温度升高，降低了橡胶和帘线的抗拉强度。当轮胎气压过高时，轮胎接地面积减小，增大了单位面积上的负荷；同时，轮胎弹性也相应减小，因胎体帘线过于伸张，应力随之增大。由此造成胎冠的磨损增加，容易引发胎面剥离或爆胎。

2 汽车行驶速度和气温的影响

汽车在高速行驶时，胎面与路面摩擦频繁，滑移量大，使胎体温度升高，结果导致轮胎气压增高；汽车在高速行驶时，其动负荷也较大。气温对轮胎使用寿命的影响也很大，尤其在气温和车速均较高时，轮胎使用寿命会明显缩短，其根本原因是轮胎气压急剧升高。

3 道路条件的影响

路面材料和平坦度影响摩擦力和动负荷的大小，由此，也会直接影响轮胎的使用寿命。若以汽车在沥青等良好路面上行驶时，轮胎使用寿命为100%，则

在非铺装路面上，轮胎的使用寿命约降低50%。

4 汽车技术状况的影响

汽车底盘的技术状况（尤其是行驶系统）不良，会造成轮胎的异常磨损。如轮辋变形或偏心、轮毂轴承松旷、车轮不平衡、轮毂与转向节轴偏心、转向节轴弯曲以及制动器拖滞等，都会导致轮胎异常磨损。

5 驾驶技术的影响

轮胎的使用寿命与汽车驾驶技术紧密相关，例如起步过猛、紧急制动频繁、转弯过急和碰撞障碍物等，都会加速轮胎的损坏。

6 轮胎维护品质的影响

对轮胎维护时，不认真执行强制维护的原则，或在汽车二级维护中，没有将拆检轮胎、进行轮胎换位等作为主要内容，就不能保持轮胎的良好技术状况。

7 轮胎管理技术的影响

轮胎保管条件不良或方法不当，也将引起轮胎的早期损坏。

轮胎与矿物油、酸类物质和化学药品接触，会使橡胶、帘布层等遭受腐蚀。保管期间受阳光照射，室温过高或空气过于干燥，会加速轮胎老化；空气中水分过多，轮胎受潮，会使帘布层霉烂变质。内胎折叠存放，会产生裂痕；外胎堆叠，将引起变形。

二 轮胎的正确使用方法

合理使用轮胎，可降低轮胎磨损，防止不正常的损坏，延长其使用寿命。

1 合理搭配

轮胎应按照规定车型配装，并根据行驶地区道路条件选择适当的胎面花纹。要求在同一轴上装用厂牌、尺寸、帘线层数、花纹、磨耗程度相同的轮胎。同一名义尺寸的不同厂牌的轮胎，其实际尺寸会有所差别，轮胎尺寸大小不一致，会产生高低不一，承受负荷不均衡，附着力不一样，最终导致磨耗不均匀。胎面花纹不同，与地面附着系数也会不同，同样会造成磨耗程度的差别。因此，不能将外周尺寸大小不一致、花纹不相同的轮胎混装使用。

2 掌握胎压

轮胎工作气压直接关系到汽车行驶的安全性和经济性。轮胎制造厂在设计各种规格的轮胎时，都规定了其最大负荷量和相应的充气压力，使用时应按轮胎规定的气压标准进行充气，否则，将造成轮胎早期磨损和损坏。

3 严禁超载

当汽车超载或装载不均衡时，便引起轮胎超载。

超载时轮胎损坏的特点和胎压过低

行驶时的损坏相似。但是，超载时轮胎损坏更严重。因为，在这种情况下，胎体帘线的应力加大，轮胎材料的疲劳强度下降，产生热量大（特别是在轮胎胎肩部位），而且轮胎与路面接触面积上的压强增大，分布便不均匀。

轮胎超载不许用提高胎压的方法补偿。因为，这会引起胎体帘线的应力显著增大，造成轮胎的早期报废。

超载的轮胎碰上障碍物时，易导致胎冠爆破。超载还能引起胎体脱层，胎面和胎侧脱空。当悬架的弹簧变形时，超载可能使轮胎与车身相接触，导致轮胎损坏。

4 合理控制车速

随着车速的增加，轮胎的变形频率、胎体的振动以及轮胎的圆周和侧向扭曲变形也随之增加。当车速达到某一速度时，此能量大部分转换成热量，使轮胎的工作温度和气压升高，加速老化。此外，车速过高，胎体受力增加，还容易产生帘布层破裂和胎面剥落现象，严重时造成轮胎爆裂，这在高速公路行驶时是非常危险的。因此，控制车速是非常必要的。

5 注意胎温

轮胎的工作气压应与胎温相适应。汽车在行驶时，其轮胎断面产生变形，而形成挠曲变形，轮胎产生内部摩擦，引起轮胎发热，胎温升高，胎内气体受热膨胀，致使胎压升高。

我国北方地区冬季时间长，气温较低，每年从11月中旬至次年3月上旬，大气温度大都低于13℃，从而有利于充分发挥轮胎的最佳性能，可适当增加轮胎的气压29～49kPa。但在炎热的夏季，轮胎内的摩擦产生的热量不易散发出去，应适当降低轮胎的充气压力。所以，夏季行车时，要特别注意爆胎问题。在行驶中如果发现胎温过高，应将汽车停在阴凉地点，待胎温降低后再继续行驶，不得采用泼冷水或放气降压的办法给轮胎降温。

6 保持车况良好

保持车况良好，尤其是汽车底盘技术状况良好，是防止轮胎早期损坏的有效措施。当底盘机件装配不当或出现故障时，轮胎不能平稳滚动，产生滑移、拖曳或摆振，使轮胎遭到损坏；漏油故障会使油类滴落到轮胎上浸蚀橡胶，也会造成轮胎早期损坏。

7 正确驾驶

行车过程中，驾驶员因尽量避免急剧加速、紧急制动、超速行驶和急剧转弯，以及不经心驶过和碰撞障碍物等。

第五节 节能与环保技术

教学目标：

1. 了解节能与环保的意义、汽车燃料消耗的影响因素；
2. 了解汽车主要污染物的种类及危害；
3. 掌握节能与环保驾驶的方法。

随着我国汽车工业的快速发展和人民生活水平的逐步提高，全国汽车保有量迅猛增长，汽车燃油消耗量逐年增加。能源的紧缺、环境污染的日益严重使得汽车节能尤为重要。汽车尾气中含有多种污染物，不仅直接危害人类的健康，而且还会对人类赖以生存的环境产生不良的影响。作为道路运输驾驶员，要按照节能操作规范驾驶车辆，尽可能节约能源、减少车辆废气排放，树立“绿色驾驶”的理念。

一 汽车燃料消耗的主要影响因素

1 汽车的总质量和外形

汽车总质量影响到汽车的滚动阻力、坡道阻力和加速阻力，对汽车的燃油经济性影响很大。减轻汽车自重，是提高汽车燃料经济性的一个重要方向。另外，为克服空气阻力而消耗的发动机功率与汽车行驶速度的三次方成正比。汽车速度不高时，空气阻力对汽车的燃料消耗影响不大，但当车速超过50km/h，空气阻力对汽车燃料经济性的影响逐步明显。

2 发动机的结构和种类

发动机的油耗对汽车的油耗有决定性的影响，而发动机的油耗决定于发动机的结构。发动机的压缩比高、有完善的供油系统及合理的燃烧室形状、采用电子点火系统等都能降低发动机的比油耗。柴油机由于压缩比比汽油机要高得多，因此柴油机比汽油机的油耗要低很多。试验和使用证明，一般装备柴油发动机的轿车比装备汽油发动机的轿车节

油18%左右，柴油发动机载货汽车比汽油发动机载货汽车节油30%左右。

3 轮胎的结构和种类

轮胎结构对滚动阻力影响很大，改善轮胎的结构，可以减少汽车的油耗。目前降低滚动阻力的最好办法是使用子午线轮胎。子午线轮胎与普通斜交轮胎相比，滚动阻力一般要下降20%～30%。另外，轮胎的花纹及胎压对汽车的油耗都有较大的影响。

4 车辆的技术状况

随着车辆使用时间的增长，其性能也在逐步发生变化，当感觉车辆有异样时，应立即进行检查。车辆的技术状况差、故障多，对其行驶油耗影响很大。除发动机故障外，底盘部分的技术状况，如减速器、制动器、轴承、前束调整不当,轮胎气压不足等，都会导致汽车的燃料消耗大幅度增加。

5 车辆的使用状况

车辆的使用状况也是影响汽车燃料消耗的主要因素之一。如汽车在高原使用，由于进气量下降，导致燃料燃烧不完全，汽车的燃料消耗必然增加。汽车在道路条件很差的路面行驶，其功率消耗大、滚动阻力大，必然导致燃料消耗量的增大。

6 驾驶操作

熟练的驾驶技术是节油的前提，同一车型，使用条件基本相同，不同的人驾驶，燃料消耗可相差20%以上。驾驶技术对汽车油耗的影响，贯穿在整个汽车运行过程中，如起步、换挡、转向、制动、减速、停车等。汽车在运行过程中，遇到的情况千变万化，如道路情况、气候情况等，驾驶员要能随时随地依据变化情况，作出正确的判断，控制行车速度，减少不利因素，利用有利条件，尽可能节约燃油，使车辆行驶更多的里程。

二 汽车主要污染物的种类及危害

1 汽车排放污染物

汽车排放污染物主要包括一氧化碳（CO）、未燃烧或不完全燃烧的碳氢化合物（HC）、氮氧化物（NO_x）以及颗粒物（PM）等。

汽车排放污染物中的氮氧化物和碳氢化合物中的烯烃、芳香族系是产生光化学烟雾的根源，将造成严重的大气污染，导致交通事故增加、农作物减产，以及桥梁和雕塑等物体的腐蚀。另外，汽车尾气中的二氧化碳（CO_2）虽没有被列为污染物，但二氧化碳导致了地球温室效应，因此从环境保护和节约能源的角度出发，应尽量选用发动机排量较小、油耗低的节能型汽车，控制汽车产生二氧化碳的总量。

汽车排放污染物对人体的危害

污染物质	对人体的危害
一氧化碳（CO）	一氧化碳无色无味，人吸入一氧化碳后，被血液吸收，与人体内血红蛋白结合形成一氧化碳-血红蛋白。一氧化碳与血红蛋白的亲和能力非常强，比氧和血红蛋白的亲和力大250倍。一氧化碳-血红蛋白形成后，离解很慢，易造成低氧血症，导致组织缺氧。当大气中的一氧化碳浓度达到70×10^{-6}以上时，人在接触数小时后，体内的一氧化碳-血红蛋白浓度可达到10%，导致头疼、心跳加剧等症状。当人体内一氧化碳-血红蛋白浓度达到20%左右时，人将出现中毒症状；达到60%时，人将窒息死亡
碳氢化合物（HC）	大气中碳氢化合物的浓度增大，将刺激和破坏人体黏膜组织，可引起结膜炎、鼻炎、支气管炎等症状，特别是碳氢化合物中的多环芳香烃危害更大，被认为是致癌物质
氮氧化物（NO_x）	汽车排放污染物中的氮氧化物主要是一氧化氮和二氧化氮。一氧化氮毒性不大，但很容易氧化成剧毒的二氧化氮。二氧化氮对鼻子、眼睛、口腔、咽喉黏膜和呼吸道黏膜有刺激作用。当被吸入人体肺部后，能与肺部的水分结合生成可溶性硝酸，严重时会引起肺气肿。当大气中的氮氧化物达到5×10^{-6}时，就会对哮喘病患者有影响；人在100×10^{-6}以上的高浓度下呼吸30min以上时，将会陷入危险状态
颗粒物（PM）	颗粒物为燃料不完全燃烧生成的碳烟粒，柴油机最为明显。碳烟粒不仅对人的呼吸系统有害，而且碳烟粒的孔隙中往往吸附有二氧化硫和有致癌作用的多环芳香烃等物质

② 汽车噪声

汽车噪声是指汽车行驶在道路上时，内燃机、喇叭、轮胎等发出的声音。在城市中，交通噪声约占各种声源的70%左右，汽车噪声是交通噪声的主要来源。汽车噪声一般都是60～90dB(A)的中强度噪声。

汽车噪声对人体健康的影响是多方面的。噪声作用于人的中枢神经系统，使人们大脑皮层的兴奋与抑制平衡失调，导致条件反射异常，使脑血管张力遭到损害。这些生理上的变化，在早期能够恢复原状，但时间一久，就会导致病理上的变化，使人产生头痛、脑胀、耳鸣、失眠、记忆力衰退和全身疲乏无力等症状。长时间处于噪声的影响下，驾驶员会更容易感觉疲劳，从而影响安全行车。

三 汽车节能与环保驾驶操作规范

汽车节能与环保驾驶操作的核心是柔和、预见性驾驶，必须做到“车况正常、心态平和、路线最佳，平稳起步、及时升挡、车机同热，挡位准确、转速最优、切忌高速，操控平顺、直线等速、预见驾驶，合理空调、长停熄火、入位准确”。道路运输驾驶员应该按照以下操作规范来驾驶车辆，以达到节能和环保的目的。

1 出车前的准备

① 行车路线设计

（1）城市行车应以行驶时间及距离最优为原则设计行车路线，尽量错开车流高峰，避开繁华街道、学校、医院、平交路口等交通拥堵路段。

（2）长途行车应以选择较高等级公路及较短距离为原则设计行车路线及备用行车路线。

② 心态调整

暂不考虑对情绪有较大刺激的事件，保持心平气和、不急不躁、理解他人、不争不抢的心理状态。

③ 车辆检查

（1）环绕车辆一周，检查车身外表及各部件的状况，确保无漏油、漏水、漏气、漏电现象；轮胎气压应符合要求，胎面花纹间无夹杂物。

（2）检查并清理出车内不必要的物品。

（3）检查装载货物，应捆绑、固定牢固，覆盖严实。

（4）清洁车窗玻璃，保持驾驶视线良好。

（5）检查发动机风扇传动带，要求无老化、龟裂、起毛等现象，松紧度要保持合适；检查发动机冷却液，液面应在上下限刻度间；检查发动机润滑油量，油面应在润滑油尺上下限刻度间中下部。

（6）检查转向机构的自由行程，一般不宜超过两指宽度。

（7）检查离合器踏板、制动踏板自由行程和驻车制动器操纵机构工作是否正常，离合器踏板与制动踏板自由行程应符合正常规定值。

（8）起动发动机后，各仪表应工作正常，并且无故障报警信号。

2 发动机起动

发动机无论是常温起动（大气温度或发动机温度高于5℃时）及热起动（发动机温度高于40℃时），还是冷起动（大气温度或发动机温度低于5℃时），均应将变速器操纵杆置于空挡位置，踩下离合器踏板，打开点火开关至起动位置，发动机顺利起动后立即松开，点火开关在起动位置的时间不应超过5s。起动过程中不应踩加速踏板。

柴油发动机冷起动时，应首先开启发动机预热系统，在充分预热后再按上述要求进行起动操作。如果一次起动未能成功，应重新进行预热，间隔15s后再次起动。

3 车辆预热

车辆预热包括发动机预热和底盘预热。

1 发动机预热

（1）非增压发动机起动后，应在原地保持怠速运转不超过1min。在此期间，不应使发动机高速空转。

（2）增压发动机起动后，应在原地保持怠速运转1min以上。在此期间，不应使发动机高速空转。

（3）在冬季气温较低时，发动机预热时间应适当延长，使发动机冷却液温度预热到40℃左右。

2 底盘预热

在发动机预热、车辆起步后（采取气压制动的车辆，应先确保储气罐内的气压达到安全行车的要求），应先以20～40km/h的速度低速行驶1～2km，之后再以正常速度行驶。在冬季气温较低时，低速行驶的距离应适当延长至3～4km。

4 起步

1 平路起步

左脚完全踩下离合器踏板，将变速器操纵杆置于1挡位置（部分大型货车空车时应置于2挡位置）；松开驻车制动器操纵杆，左脚先稍快松抬离合器踏板，待离合器处于半联动位置时（传动机件稍有振抖、发动机声音略有变化），右脚轻踩加速踏板，同时左脚再缓抬离合器踏板，使车辆平稳起步。车辆起步后应在车辆移动一个车身距离内迅速加速将挡位挂到高一级挡位。

2 上坡起步

左脚完全踩下离合器踏板，将变速器操纵杆置于1挡位置；拉紧驻车制动器操纵杆，右脚轻踩加速踏板提高发动机转速（坡度越大，需提高的转速越高），这时抬离合器踏板到半联动位置；当听到发动机声音发生变化时缓缓放松驻车制动器操纵杆，同时逐渐踩下加速踏板和缓抬离合器踏板，使车辆平稳起步。

5 换挡变速

1 挡位选择

（1）手动变速器一般有4～5个前进挡位。其中1挡、2挡为低速挡，减速增扭作用显著，用于起步、上陡坡等，油耗很高。3挡为中速挡，是汽车由低速到高速或由高速到低速的过渡挡位，车速稍快，油耗也较大，不宜长距离行驶。4挡、5挡为高速挡，由于传动比小或直接传动，车速快，油耗最低。

（2）根据发动机运行的经济转速选择挡位:保持发动机在经济转速区域内的

较低转速下运转，尽量选择高挡位；发动机的转速高于经济转速区域时，及时选择升挡；发动机的转速低于经济转速区域时,迅速选择降挡。

2 变速器换挡

（1）汽车换挡变速踩下离合器踏板时，应及时抬起加速踏板；当抬起离合器踏板，离合器尚未完全接合时，不应急踩、猛踩加速踏板。

（2）升挡时，应自低挡位逐级换入高挡位，做到及时、准确。

（3）降挡时，应自高挡位换入预期行驶速度的、且能保持发动机转速在经济区域内以较低转速运转的低挡，做到及时、准确。

6 加速

（1）汽车在平路行驶过程中，踩下加速踏板的最大限度应不超过加速踏板最大行程的3/4。汽车在平路行驶过程中加速，如果已踩下加速踏板最大行程的3/4而发动机转速不能相应增加，应变换低一级挡位后重新加速行驶。

（2）踩下加速踏板的速度，应以发动机的声音增高较柔和、转速平稳增加为宜。一般加速踏板由怠速位置踩至3/4行程位置的时间应控制在3～4s。如果发动机发出“闷”的吼声，应稍抬加速踏板。

7 减速

（1）在行车中，不得空挡滑行，应利用汽车带挡滑行减速，尽量少用或不用行车制动器制动。

（2）预见到前方有障碍、转弯、会车、红灯等需要减速的情况时，应抬起加速踏板，使离合器保持接合状态，变速器保持在原挡位，发动机保持在点火状态，依靠发动机对汽车的阻滞力减速滑行，必要时用行车制动器制动以增加减速强度。

（3）汽车下长而陡的坡道时，应抬起加速踏板，使离合器保持接合状态，发动机不熄火，变速器操纵杆置于合适的挡位（坡度越大，挂挡位越低），并根据速度情况使用行车制动器间歇制动控制车速。

8 车速控制

（1）汽车在正常行驶时，变速器操纵杆应尽量置于最高挡位，保持发动机转速在经济转速区域内以较低转速等速行驶。

（2）当汽车行驶阻力增大，以及交通繁杂、不能用最高挡行驶时，应及时换入低挡并保持发动机转速在经济转速区域内以较低转速等速行驶。

（3）在预期速度下，应保持好该状态时的加速踏板位置使汽车等速行驶，避免加速踏板位置来回变化。

（4）应保持适当的跟车距离。在普通公路上，跟车距离一般应大于汽车2～

3s内驶过的距离；在高速公路上，跟车距离一般应大于汽车4s内驶过的距离。

（5）汽车行驶的最高速度不应超过道路通行的有关限速规定。

9 转向控制

（1）操纵汽车转向时应平顺，提前开启灯光信号，避免突然变向或急转弯等。

（2）在汽车行驶过程中，应保持直线行驶，避免来回转动转向盘。

（3）变更车道时，应在确认与前后左右的汽车处在安全距离的情况下，提前开启转向灯，夜间还应变换使用远、近光灯，然后平稳地转动转向盘，并以较大的行车轨迹缓加速驶向另一车道。当因超车变换车道时，在超车后应及时返回原车道。

（4）在行车过程中，应避免频繁变更车道。

10 特殊路段驾驶

1 上坡路段

（1）遇见坡路时，应提前预测坡度、坡长，判断需用的挡位及速度。在上坡前500m处，应轻微加速；在坡路时，应保持加速踏板位置，尽量靠汽车惯性冲到坡顶。

（2）汽车依靠惯性不能冲到坡顶时，应迅速降挡，避免坡路停车重新起步。

2 隧道

（1）在距隧道入口50m左右处，应提前减速，开启前照灯、示廓灯、后位灯，并仔细观察前方情况。

（2）在隧道内行驶时，应保持合适的跟车距离和行驶速度。

（3）在隧道出口前，应握稳转向盘，避免隧道出口处的横向风引起汽车偏离行驶路线。

（4）驶入和驶出隧道时，在明、暗适应过程中应不加速行驶。

3 拥挤路段

（1）在拥挤路段行驶，汽车处于频繁的起步－停车的循环行驶状态，起步时应缓踩或不踩加速踏板，起步后尽可能利用汽车惯性滑行行驶，避免起步后猛踩加速踏板再制动停车的驾驶方式。

（2）在确保汽车安全行驶的前提下，应减少完全停车，尽量使汽车保持一定的运动惯性。

11 行车温度控制

（1）发动机温度低于40℃时，不应使发动机大负荷高速运转或使汽车高速行驶，温度达到40℃以上时开始正常行驶。

（2）应使发动机的温度保持在80～95℃之间。长时间上坡或高速行驶等行驶状态下发动机冷却液温度报警时，应停车怠速或小负荷、低速行驶，使发动机温度慢慢降到正常区域。

12 空调的合理使用

（1）气温适宜，车速低于60km/h

时，宜打开车窗通风，或者只用空调的通风功能。

（2）当车速超过80km/h时，应关闭车窗开启空调调节车内空气，且空调的温度不应设定过低。

13 发动机熄火

（1）当汽车停止行驶后，应尽量减少发动机怠速空转，及时使发动机熄火。

（2）非增压发动机汽车在路口停车等待通过的过程中，应根据交通信号灯计时器判断停车时间，停车时间超过1min的，应将发动机熄火。如果信号灯没有计时显示，排队偏后的汽车，最好也将发动机熄火。

（3）非增压发动机汽车在上下乘客、装卸货物等需要停车超过1min时，应将发动机熄火。

（4）非增压发动机汽车经过高速或爬长坡行驶后，发动机温度很高时，应怠速运转30s以上后熄火。

（5）增压发动机汽车停车后不应立即熄火，应保持发动机怠速运转3min以上，待发动机充分冷却后再熄火。

14 停车

（1）应准确判断停车位置，做到一次停车到位，减少停车时的移车次数。

（2）避免在上坡、积水、结冰或松软的路段上停车。

（3）冬季中途停车时，应尽量避免汽车发动机迎风停放。

第六节 汽车新技术

教学目标：

1. 了解汽车新技术、新能源；
2. 了解道路运输车辆安装卫星定位装置的相关要求。

一 汽车新技术的应用

1 高压共轨技术

高压共轨技术是指在由高压油泵、压力传感器和电子控制单元组成的闭环系统中，将喷射压力的产生和喷射过程彼此完全分开的一种供油方式。由高

压油泵把高压燃油输送到公共供油管，通过对公共供油管内的油压实现精确控制，使高压油管压力大小不受发动机转速的影响，克服了传统柴油机的缺陷。在高压共轨系统中，由电磁阀控制喷油，控制精度较高，高压油路中不会出现气泡和残压为零的现象。因此，在柴油机运转范围内，循环喷油量变动小、各缸供油不均匀的现象可得到改善，从而可减轻柴油机的振动和降低排放污染。

2 废气再循环技术

废气再循环（EGR）是指把发动机排出的部分废气回送到进气歧管，并与新鲜混合气一起再次进入汽缸。少部分废气进入汽缸参与混合气的燃烧，降低了汽缸中的温度，因氮氧化物（NO_x）是在高温富氧的条件下生成的，故抑制了氮氧化物的生成，从而降低了废气中氮氧化物的含量。但是，过度的废气参与再循环，将会影响混合气的着火性能，从而影响发动机的动力性，特别是在发动机怠速、低速、小负荷及冷机时，再循环的废气会明显地影响发动机性能。所以，当发动机在怠速、低速、小负荷及冷机时，电子控制单元会控制废气不参与再循环，避免发动机性能受到影响；当发动机超过一定的转速、负荷及达到一定的温度时，电子控制单元控制少部分废气参与再循环，而且，参与再循环的废气量根据发动机转速、负荷、温度及废气温度的不同而不同，以达到废气中的氮氧化物含量最低。

3 轮胎压力监测系统

汽车轮胎压力监测系统（TPMS）又称轮胎失压预警系统或轮胎欠压预警系统，能够在汽车行驶过程中对轮胎压力进行实时监测，对轮胎的低压、高压和漏气进行报警，使驾驶员能及时采取相应的措施，从而保证车辆始终处于安全行驶状态。轮胎压力监测系统是一种有效的汽车主动安全装置，其应用对确保汽车行驶的经济性、安全性和操纵稳定性等方面具有十分重要的意义。

二 新能源汽车

新能源汽车是指采用非常规的车用燃料作为动力来源（或使用常规的车用燃料，采用新型车载动力装置），综合车辆的动力控制和驱动方面的先进技术，形成的技术原理先进，具有新技术、新结构的汽车。新能源汽车包括电动汽车、天然气汽车、液化石油气汽车、氢燃料汽车、生物燃料汽车以及太阳能汽车等。

1 电动汽车

全部或部分由电动机驱动，并配置大容量电能储存装置的汽车统称为电动汽车，包括纯电动汽车、混合动力电动汽车和燃料电池电动汽车三种类型。

电动汽车分类

类别	定义
纯电动汽车	纯电动汽车是完全由可充电电池（如铅酸电池、镍镉电池、镍氢电池或锂离子电池）提供动力源的汽车
混合动力电动汽车	混合动力电动汽车是指使用电动机和传统内燃机联合驱动的汽车，按动力耦合方式的不同可以分为串联式混合动力、并联式混合动力和混联式混合动力
燃料电池电动汽车	燃料电池电动汽车是利用氢气和空气中的氧在催化剂的作用下在燃料电池中经电化学反应产生的电能，并作为主要动力源驱动的汽车

目前，我国交通运输行业的石油消耗量约占石油总消耗量的50%左右。由于电动汽车具有能源来源多元化的特点，各种可再生能源可以转化为电能或氢能加以有效利用；同时，利用电网对电动汽车进行充电，增加了电力在交通能源领域中的应用，减少了对石油资源的依赖，优化了交通能源结构。

另外，纯电动汽车和燃料电池电动汽车在本质上是一种零排放汽车，一般无直接排放污染物；而且，电动汽车比同类燃油汽车噪声低5dB（A）以上，大规模推广电动汽车将大幅降低交通噪声。

2 天然气汽车

天然气汽车是一种以天然气为燃料的气体燃料汽车。天然气的主要成分是甲烷，含量一般在90%以上。天然气燃烧安全，积炭少，而且具有很强的抗爆性能，有利于延长发动机各部件的使用寿命，减少维修次数，可大幅度降低维修成本。另外，使用天然气替代燃油作为汽车燃料，可大幅度降低一氧化碳和二氧化硫等污染物的排放，而且不含苯、铅等致癌的有毒物质。

目前，在用的天然气汽车中最常见的为压缩天然气（CNG）汽车。近年来，开始发展起来的液化天然气（LNG）汽车克服了压缩天然气汽车的缺点，排放性能更优于压缩天然气汽车，具有良好的环保性能和经济性。同时，液化天然气汽车安全性能高，燃料能量密度大，续驶里程长，能满足长途运输的需要，而且具有建站投资少、占地少、运行成本低、建站不受天然气管网的制约等突出优点，易于实现规模化推广，是天然气汽车今后的发展方向。

三 道路运输车辆安装卫星定位装置的要求

根据《国务院关于进一步加强企业安全生产工作的通知》（国发〔2010〕23号）以及《关于加强道路运输车辆动态监管工作的通知》（交运发〔2011〕80号）的要求，道路运输企业必须为所有旅游包车、三类以上班线客车和运输危险化学品、烟花爆竹、民用爆炸物品的道路运输专用车辆（以下简称“两客一危”车辆），安装符合《道路运输车辆卫星定位系统车载终端技术要求》（JT/T 794—2011）的卫星定位装置，并接入全国重点营运车辆联网联控系统，保证车辆监控数据准确、实时、完整地传输，确保车载卫星定位装置工作正常、数据准确、监控有效。

道路运输管理部门在为车辆办理道路运输证时，要检查车辆卫星定位装置的安装和工作情况。凡未按规定安装卫星定位装置的新增车辆，不予核发道路运输证。对于已经取得道路运输证但尚未安装卫星定位装置的营运车辆，道路运输管理部门要督促运输企业按照规定加装卫星定位装置，并接入全国重点营运车辆联网联控系统。从2012年1月1日起，没有按照规定安装卫星定位装置或未接入全国联网联控系统的营运车辆，道路运输管理部门将暂停其资格审验。

道路运输企业应按规定将“两客一危”车辆接入符合《道路运输车辆卫星定位系统平台技术要求》（JT/T 796—2011）标准的监控平台（或监控端）；制定和完善卫星定位装置安装使用规定，建立动态监控工作台账，根据车辆行经道路的实际情况，设置相应的车辆行驶速度限速标准；配备专职人员负责监控车辆行驶动态，分析处理动态信息；充分运用卫星定位监控手段加强对所属车辆和驾驶员的日常监督，按照有关规定及时纠正和处理超速、疲劳驾驶等违法驾驶行为，对多次有违法驾驶行为的要按照有关规定加重处理，对违法驾驶信息要留存在案，至少保存1年时间；定期检查车载卫星定位装置使用情况，确保车辆在线时间。

对不按规定使用、故意损坏卫星定位装置的单位和个人，以及不严格监控车辆行驶动态的值守人员，要依照相关规定给予处理；造成严重后果的，依法追究企业负责人和相关责任人的法律责任。